四川省工程建设地方标准

四川省先张法预应力
高强混凝土管桩基础技术规程

Technical Specification Code for Prestressed High
Concrete Pipe Pile Foundation in Sichuan Province

DB51/T5070－2016

主编单位： 成 都 市 建 设 工 程 质 量 监 督 站
　　　　　 四 川 省 建 筑 科 学 研 究 院
批准部门： 四 川 省 住 房 和 城 乡 建 设 厅
施行日期： 2 0 1 7 年 6 月 1 日

西南交通大学出版社

2016　成　都

图书在版编目（ＣＩＰ）数据

四川省先张法预应力高强混凝土管桩基础技术规程/
成都市建设工程质量监督站，四川省建筑科学研究院主编.
—成都：西南交通大学出版社，2017.3（2020.5 重印）
（四川省工程建设地方标准）
ISBN 978-7-5643-5234-9

Ⅰ.①四… Ⅱ.①成… ②四… Ⅲ.①先张法预加应
力－预应力混凝土管－混凝土管桩－技术规范－四川
Ⅳ.①TU473.1-65

中国版本图书馆 CIP 数据核字（2017）第 007423 号

四川省工程建设地方标准

四川省先张法预应力高强混凝土管桩基础技术规程

主编单位 成都市建设工程质量监督站
四川省建筑科学研究院

责 任 编 辑	杨 勇
助 理 编 辑	张秋霞
封 面 设 计	原谋书装
出 版 发 行	西南交通大学出版社 （四川省成都市二环路北一段 111 号 西南交通大学创新大厦 21 楼）
发 行 部 电 话	028-87600564　028-87600533
邮 政 编 码	610031
网 址	http://www.xnjdcbs.com
印 刷	成都蜀通印务有限责任公司
成 品 尺 寸	140 mm × 203 mm
印 张	6
字 数	151 千
版 次	2017 年 3 月第 1 版
印 次	2020 年 5 月第 2 次
书 号	ISBN 978-7-5643-5234-9
定 价	40.00 元

关于发布工程建设地方标准
《四川省先张法预应力高强混凝土管桩基础技术规程》的通知

川建标发〔2017〕108号

各市州及扩权试点县住房城乡建设行政主管部门，各有关单位：

由成都市建设工程质量监督站和四川省建筑科学研究院修编的《四川省先张法预应力高强混凝土管桩基础技术规程》，经我厅组织专家审查通过，并报住房和城乡建设部备案，现批准为四川省工程建设推荐性地方标准，编号为 DB51/T5070－2016，备案号为 J13618－2016，自 2017 年 6 月 1 日起在全省实施。原《先张法预应力高强混凝土管桩基础技术规程》DB51/5070－2010 于本规程实施之日起作废。

该规程由四川省住房和城乡建设厅负责管理，成都市建设工程质量监督站负责具体技术内容的解释。

四川省住房和城乡建设厅
2017 年 2 月 21 日

前　言

根据四川省住房和城乡建设厅《关于下达四川省工程建设地方标准〈先张法预应力高强混凝土管桩基础技术规程〉修订计划的通知》(川建标发〔2014〕689号)的要求,规程修订组经广泛调查研究,认真总结前版规程使用、执行过程中反馈的意见和实践经验,以及最新专项研究成果,参考国内外有关标准,并在广泛征求意见的基础上修订完成本规程。

本规程共分8章和15个附录,主要技术内容包括:1　总则;2　术语和符号;3　基本规定;4　管桩制品质量要求;5　勘察;6设计;7　施工;8　检验与验收。

本规程修订的主要技术内容是:1.调整、增加了部分术语和符号;2.调整了基本规定中的部分规定;3.增加了预应力管桩的规格和预应力混凝土空心方桩的生产及相关要求,并细化了管桩产品的检验规定;4.增加了管桩用于复合地基、基坑支护的设计与施工等有关规定;5.增加了管桩施工中沉桩辅助措施、植入法沉桩、中掘法沉桩以及土方开挖等工艺;6.进一步明确了管桩产品检验方法和管桩基础工程检测具体时限等。

本规程由四川省住房和城乡建设厅负责管理,由成都市建设工程质量监督站负责具体技术内容的解释。在执行本规程的过程中,请各使用单位注意积累资料,总结经验,并及时将问题、意见和建议反馈给成都市建设工程质量监督站(地址：成都市八宝街 111 号 4 楼；邮政编码：610031；邮箱地址：cdszjz@163.com；联系电话：028-86643609)，以供今后修订时参考。

主 编 单 位：成都市建设工程质量监督站
　　　　　　　四川省建筑科学研究院
参 编 单 位：中国建筑西南勘察设计研究院有限公司
　　　　　　　四川省建筑设计研究院
　　　　　　　成都市建筑设计研究院
　　　　　　　成都华建管桩有限公司
　　　　　　　四川华西管桩工程有限公司
　　　　　　　中建地下空间有限公司
　　　　　　　遂宁华建管桩有限公司
　　　　　　　四川双信管桩有限公司
主要起草人：李晓岑　　康景文　　王德华　　章一萍
　　　　　　　李学兰　　蒋志军　　任　鹏　　杨　新
　　　　　　　颜振生　　刘晓森　　黄苑君　　胡　刚
　　　　　　　李先勇　　宋　静　　沈平贤　　黎小波
　　　　　　　云　冀　　郑立宁　　骆建林　　胡江河
　　　　　　　王　新
主要审查人：黄啟宇　　罗进元　　向　学　　毕　琼
　　　　　　　尤亚平　　张仕忠　　邹　力

目　次

Contents

1 总 则

1.0.1 为了使先张法预应力高强混凝土管桩基础工程做到安全适用、环保节能、技术先进、经济合理、质量可靠，制定本规程。

1.0.2 本规程适用于四川省行政区域内先张法预应力高强混凝土管桩制品的质量控制和管桩基础工程的勘察、设计、施工及质量检测与验收。

1.0.3 管桩基础工程的设计和施工，应综合考虑拟建场地的地质条件、使用要求、沉桩工艺、施工顺序以及对相邻建筑的影响等因素。

1.0.4 管桩制品的质量要求及管桩基础工程的勘察、设计、施工及质量检测与验收除应执行本规程外，尚应符合国家现行有关标准的规定。

2 术语和符号

2.1 术语

2.1.1 先张法预应力高强混凝土管桩 prestressed high concrete pipe pile

采用离心方式成型的先张法预应力高强混凝土（强度等级不低于 C80）空心的圆形或方形截面桩。统称为"管桩"。

2.1.2 混合配筋高强混凝土管桩 mixed reinforcement prestressed high concrete pipe pile

采用离心方式成型的部分先张法预应力配筋和部分非预应力配筋的高强混凝土（强度等级不低于 C80）空心的圆形或方形截面桩。

2.1.3 管桩基础 concrete pipe pile foundation

由管桩与其刚性连接的桩顶承台构成的桩基础、管桩与桩间土及褥垫层共同作用形成的复合地基、管桩与其他支撑结构联合构成的基坑支护结构等的统称。

2.1.4 试验桩 test pile

为通过测试获取相关设计和施工参数而专门设置的基桩。

2.1.5 单桩竖向极限承载力 ultimate vertical bearing capacity of a single pile

单桩在竖向荷载作用下到达破坏状态前或出现不适于继续承载变形时对应的最大荷载。

2.1.6 单桩竖向承载力特征值 characteristic value of the vertical bearing capacity of a single pile

单桩竖向极限承载力标准值除以安全系数后的单桩承载力值。

2.1.7 锤击沉桩法 hammer driving

利用打桩设备的锤击能量将管桩击入地基土层中的沉桩施工方法。

2.1.8 静压沉桩法 jacked driving

利用静压设备将管桩压入地基土层的沉桩施工方法。

2.1.9 植入沉桩法 implantation sinking pile method

采用机械设备预先钻孔至设计深度并注入胶结浆液，利用管桩自重和外力将管桩植入钻孔使桩与浆液胶结成桩的施工方法。

2.1.10 中掘沉桩法 inner-digging driving

利用在管桩内腔插入专用钻头，边取土边将桩沉入地基土层的沉桩施工方法。

2.2 符 号

2.2.1 几何参数

d_p——管桩内预应力钢棒分布圆周直径；

d——管桩外直径；

d_2——焊缝内径；

h_e——焊缝计算厚度；

l_i——桩穿越第 i 层土（岩）的厚度；

l_0——管桩单节长度；

l_w——焊缝长度；

t_s——管桩端板最小厚度。

u——桩身外周长；

A——桩身的横截面面积（净面积）；

A_p——桩端面积；

A_s——管桩受拉钢筋面积；

D_1——焊缝外径；

L_a——管桩填芯混凝土的长度；

U_m——管桩内孔圆周长度；

S——焊缝坡口根部至焊缝表面的最短距离。

2.2.2 抗力和材料性能

f_c——管桩桩身混凝土轴心抗压强度设计值；

f_{gcu}——管桩全截面试件的抗压强度标准值；

f_n——填芯混凝土与管桩内壁的黏结强度设计值；

f^w_t——焊缝抗拉强度设计值；

f_y——钢筋的抗拉强度设计值；

f_{rk}——岩石饱和单轴抗压或黏土岩天然单轴抗压的强度标准值；

q_{sik}——桩周第 i 层岩土体的极限侧阻力标准值；

q_{pk}——桩端岩土体极限端阻力标准值；

σ_{con}——预应力钢筋的张拉控制应力；

σ_{pc}——混凝土有效预应力。

2.2.3 作用和作用效应

F_k——荷载效应标准组合下，作用于承台顶面的竖向力；

G_k——桩基承台和承台上土自重标准值；

H_k——荷载效应标准组合下，作用于桩基承台底面的水平力；

H_{ik}——荷载效应标准组合下，作用于第 i 个基桩的水平力；

N——荷载效应基本组合下的桩顶轴向压力设计值；

N_k——荷载效应标准组合轴心竖向力作用下，基桩的平均竖向力；

N_{kmax}——荷载效应标准组合偏心竖向力作用下，桩顶最大竖向力；

N_{Ek}——地震作用效应和荷载效应标准组合下，基桩或复合基桩

4

的平均竖向力；

N_{Ekmax}——地震作用效应和荷载效应标准组合下，基桩或复合基桩的最大竖向力；

N_{ik}——荷载效应标准组合偏心竖向力作用下，第 i 个基桩的竖向力；

N_t——荷载效应基本组合下的桩顶轴向拔力设计值；

M_{xk}、M_{yk}——荷载效应标准组合下，作用于承台底面，绕桩群形心 x 轴、y 轴的力矩；

R——基桩或复合基桩竖向承载力特征值；

R_a——单桩竖向承载力特征值；

R_{pl}——桩身抗拔承载力设计值；

Q_{uk}——单桩竖向极限承载力标准值。

2.2.4 计算参数及系数

n——桩基中的桩数；

x_i、x_j、y_i、y_j——第 i、j 基桩至计算基准 x 轴、y 轴的距离；

K——安全系数；

K_d——岩石软化系数；

ζ——经验系数；

ψ_c——工作条件系数；

ξ_p——桩端阻力修正系数。

3 基本规定

3.0.1 管桩基础的设计等级应根据建（构）筑特征、使用要求、场地地质条件等按表 3.0.1 确定。

表 3.0.1 管桩基础设计等级

设计等级	建 筑 特 征
甲级	重要的建筑； 30 层以上或高度超过 100 m 的高层建筑； 体型复杂且层数相差超过 10 层的高低层（含纯地下室）连体建筑； 20 层以上框架-核心筒结构及其他对差异沉降有特殊要求的建筑； 场地和地基土条件复杂的 7 层以上及坡地、岸边的建筑； 对相邻既有工程影响较大的建筑； 复合地基承载力特征值大于 500 kPa 的建筑； 开挖深度大于 12 m 的基坑工程
乙级	除甲级、丙级以外的建筑；
丙级	场地和地基土条件简单、荷载分布均匀的 7 层及 7 层以下的建筑； 复合地基承载力特征值小于 200 kPa 的的建筑； 开挖深度小于 5 m 的基坑工程

注：符合设计等级其中一项内容条件时即该设计等级。

3.0.2 管桩基础用于缺少工程经验、膨胀土、遇水软化岩石、沉桩破坏岩土结构不易恢复等情况时，应通过试验性施工及相应测试验证其适用性；地下水或土对混凝土构件中的钢筋有中等及以上腐蚀性的特殊场地应符合现行国家标准《混凝土结构设计规范》GB 50010 对耐久性的要求；工程需要时应进行方案论证。

3.0.3 拟建场地岩土工程勘察资料不满足管桩基础设计和施工要求时，应进行施工勘察。

3.0.4 设计等级为甲级及地质条件复杂的乙级管桩基础工程应在设计和施工前通过试验桩及测试获取相关指标和参数。同一地质条件下每种规格的试验桩数量不应少于 3 根。

3.0.5 管桩基础的单桩竖向极限承载力应通过静载荷试验确定；或利用动力测试与静载荷试验对比资料，并结合地区工程经验综合确定。

3.0.6 管桩基础设计时，可结合工程经验考虑桩、土、承台等共同工作。

3.0.7 因自重固结或受大面积地面堆载作用的地基土产生大于桩体沉降的管桩基础工程设计时应考虑地基土产生的负摩阻力对管桩承载力和变形的影响。

3.0.8 抗震设防区的管桩基础设计应进行抗震承载力验算，并应符合《建筑抗震设计规范》GB 50010 的有关规定。

3.0.9 管桩施工前应查明施工场地及毗邻区域的地下管线、建（构）筑物及地下障碍物状况，并制定相应的安全保护方案。

3.0.10 管桩基础工程应根据场地地质条件、场地施工条件、机具设备条件等选择适宜的沉桩方法。当桩端持力层岩体裂隙发育、饱和单轴抗压强度与天然单轴抗压强度之比小于 0.45 时，不应采用锤击沉桩法。

3.0.11 下列管桩基础工程应进行沉降计算，并应在承台完成以后的施工期间及使用期间进行沉降变形观测；变形观测周期应满足设计要求和达到稳定标准。

1 设计等级为甲级的非嵌岩桩和桩端非深厚坚硬持力层的工程；

2 设计等级为乙级的体形复杂、荷载分布显著不均匀或桩端平面以下存在软弱夹层的工程；

3 软土地基减沉复合疏桩工程；

4 桩端持力层为遇水软化岩层的工程；

5 采用辅助引孔措施沉桩、植入沉桩法、中掘沉桩法等工艺的工程；

6 管桩复合地基工程。

3.0.12 管桩复合地基、基坑管桩支护结构的设计和施工应符合国家现行行业标准《建筑地基处理技术规范》JGJ 79、《建筑基坑支护技术规程》JGJ 120 的有关规定。

3.0.13 管桩基础工程施工前应进行产品检验，施工过程中和施工完成后应进行施工质量检查、检测和验收。

4 管桩制品质量要求

4.1 管桩制品

4.1.1 管桩规格应根据工程需要进行生产，并应符合《先张法预应力混凝土管桩》GB 13476、《预应力混凝土空心方桩》08SG360等相关标准及图集的规定。

4.1.2 工程常用管桩型号应符合本规程附录 A 的要求，其有效预应力值应符合本规程附录 B 的要求。

4.1.3 特定性能管桩可按工程需要进行设计，并必须经检验满足要求的性能后方能生产和使用。

4.2 桩身构造

4.2.1 圆形管桩预应力钢棒应沿圆周均匀配置，最小配筋率不应小于 0.4%且钢筋数量不得少于 6 根。工程常用圆形管桩最小配筋面积和预应力钢棒直径及数量等不得低于本规程附录 C 表 C.1 的规定要求。

4.2.2 空心方桩预应力钢筋应沿四边均匀配置，最小配筋率不应小于 0.4%且数量不得少于 8 根。工程常用空心方桩最小配筋面积和预应力钢筋（棒）直径及数量等不得低于本规程附录 C 表 C.2 的规定要求。

4.2.3 混合配筋管桩钢筋应沿桩周均匀配置，且预应力筋与非预应力筋应均匀间隔布设，配置数量应根据工程需要通过设计计算确定。工程常用混合配筋管桩最小配筋面积和预应力钢棒直径及数量等不得低于本规程附录 C 表 C.3 的规定要求。

4.2.4 圆形管桩、混合配筋管桩、特殊性能管桩的构造要求应符合国家标准《先张法预应力混凝土管桩》GB 13476 的规定。工程常用管桩的端头板及套箍应符合本规程附录 D 表 D.1 的规定。

4.2.5 空心方桩、特殊性能方桩的构造要求应符合图集《预应力混凝土空心方桩》08SG360 的规定。工程常用空心方桩的端头板及套箍应符合本规程附录 D 表 D.2 的规定。

4.2.6 圆形管桩和空心方桩、混合配筋管桩、特殊性能管桩钢筋的保护层应符合下列规定：

    1 外径大于 300 mm 且小于 400 mm 的管桩，保护层厚度不得小于 25 mm；

    2 外径大于等于 400 mm 的管桩，保护层厚度不得小于 40 mm；

    3 边长大于 300 mm 且小于 400 mm 的方桩，保护层厚度不得小于 30 mm；

    4 边长大于等于 400 mm 的方桩，保护层厚度不得小于 35 mm。

4.3 质量要求

4.3.1 预应力钢棒张拉时张拉力和伸长值均应满足管桩性能设计要求。

4.3.2 预应力钢棒几何特征、理论重量和允许最小重量应符合表 4.3.2 的规定。

表 4.3.2　预应力钢棒几何特征、理论重量和允许最小重量

公称直径（mm）	基本直径（mm）	允许偏差（mm）	公称横截面积（mm²）	最小横截面积（mm²）	理论重量（kg/m）	允许最小重量（kg/m）
7.1	7.25	± 0.15	40.0	39.0	0.314	0.306
9.0	9.15	± 0.20	64	62.4	0.502	0.490
10.7	11.10	± 0.20	90.0	87.5	0.707	0.687
12.6	13.10	± 0.20	125.0	121.5	0.981	0.954

注：1　公称直径指设计采用的按有效面积换算成圆形光面钢筋的直径；

2　基本直径指钢棒的外接圆直径；

3　允许偏差指钢棒外接圆直径的偏差；

4　公称横截面积指按公称直径计算的横截面积。

4.3.3 管桩桩身混凝土重度不应小于 26 kN/m³。

4.3.4 管桩各部位尺寸偏差及检查方法应符合本规程附录 E 表 E.1 中的规定。

4.3.5 管桩的外观质量要求应符合本规程附录 E 表 E.2 中的规定。

4.3.6 桩身混凝土强度等级检验和评定的龄期应符合下列规定：

　　1　采用蒸压养护工艺为出釜后 1 d；

　　2　采用标准养护工艺为 28 d。

4.3.7 工程常用管桩桩身的力学性能可按本规程附录 F 选用。

4.3.8 管桩产品标识包括永久标识和临时标识，应符合下列规定：

　　1　永久标识内容包括管桩类型、规格型号、直径、壁厚、长度、制造日期、管桩产品编号；

　　2　临时标识内容包括管桩标记、制造日期或管桩产品编号，其位置略低于永久标志；

3 标识采用制造厂的厂名或产品注册商标，并喷标在管桩表面距端头 1.00～1.50 m 的表面处。

4.3.9 管桩产品合格证书的内容应符合下列规定：

1 合格证编号、产品质量等级、批次编号和产品数量；

2 型号、规格、长度及内径或壁厚；

3 混凝土抗压强度等级、抗弯性能；

4 外观质量、尺寸误差；

5 制造厂厂名、制造日期和出厂日期；

6 检验员证书编号或签章。

5 勘 察

5.1 一般规定

5.1.1 管桩基础工程勘察应符合《岩土工程勘察规范》GB 50021、《高层建筑岩土工程勘察规程》JGJ 72、《建筑桩基技术规范》JGJ 94 和《高层建筑筏形与箱形基础技术规范》JGJ 6 等的有关规定。

5.1.2 设计等级为甲级管桩基础工程的勘察应符合下列规定：

　　1 地基承载力和变形特性指标应通过现场静载荷试验确定；

　　2 抗震设防烈度为 8 度（0.2g）及以上地区应进行震害危险性分析和预测评估。

5.1.3 管桩基础工程勘察应根据设计要求编制有针对性的技术方案；勘察报告应提供设计和施工所需要的技术内容。

5.2 勘探孔布设

5.2.1 管桩基础工程勘探孔位置宜符合下列规定：

　　1 在基础的周边、角点以及上部荷载分布差异较大的部位布设；

　　2 复杂地质条件柱下单列布桩的工程宜按柱轴线布设；

　　3 复合地基宜在处理区域外扩不小于 2 m 范围内布设；

　　4 基坑工程应在地下室外边线外扩不少于 2 m 范围内布设。

5.2.2 管桩基础工程勘探孔间距宜符合下列规定：

　　1 端承型桩宜为 15~20 m，当相邻勘探点所揭露的持力层顶面坡度大于 10%或地层分布复杂时，宜适当加密；

2 摩擦型桩宜为 15～20 m，当岩土层的性质或状态在水平方向分布变化较大，或存在影响沉桩质量时，宜适当加密；

3 单列布桩工程不宜大于 8 m；

4 基坑工程宜为 10～15 m；

5 膨胀土、遇水软化岩基以及沉桩破坏岩土体结构性且不易恢复地层的工程，不宜大于 10 m。

5.2.3 管桩基础工程勘探深度除应满足变形计算深度要求外，尚应符合下列规定。

1 一般性勘探孔应符合下列规定：

1）深入桩端平面以下不小于 3 m；

2）持力层中存在软弱夹层时，应穿透夹层；

3）复合地基不小于处理深度的 1.2 倍；

4）基坑工程不小于基坑开挖深度的 1.5 倍。

2 控制性钻孔深度应满足下列规定：

1）深入管桩桩端平面以下不小于 6 m；

2）持力层中存在软弱夹层时，应穿透夹层并深入其下部不小于 3 m；

3）复合地基不小于处理深度的 1.5 倍；

4）基坑工程不小于基坑开挖深度的 2 倍；

5）当遇断层破碎带时，应钻穿断层破碎带进入相对稳定土层不小于 4 m；

6）对膨胀土、遇水软化岩石以及沉桩破坏岩土结构性且不易恢复的岩土层，应深入桩端平面以下不小于 10 m。

5.3 取样与试验

5.3.1 勘探深度范围内可作为持力层的每一岩土层应采取原状试样进行室内试验。

5.3.2 岩土取样应符合下列规定：

　　1 预计超过 5 m 的硬塑～坚硬黏性土层每 2 m 一组；

　　2 预计作为桩端持力层的岩土层每 1 m 一组。

5.3.3 遇水软化的岩基应进行软化试验。

5.4 原位测试

5.4.1 管桩基础持力层及桩身穿越的各地层应根据土的类别进行静力触探、标准贯入试验、重型动力触探或超重型动力触探等原位测试。测试深度应符合本规程第 5.2.3 条规定，并应符合下列规定：

　　1 桩长范围内的各主要岩土层进行测试；

　　2 预计作为桩端持力层的岩土层每 1 m 测试一次；

　　3 厚度超过 5 m 的硬塑～坚硬黏性土层或中密卵石层，每 2 m 测试一次；

　　4 预计作为桩端持力层的岩土层，当 N_{120} 击数大于 15 击时可终止试验，并记录贯入深度。

5.4.2 设计等级为甲级、位于新近填土场地的管桩基础工程应结合钻孔资料进行弹性波速测定。

5.4.3 结构性较强的饱和黏性土、粉土应测定其灵敏度。

5.5 勘察报告

5.5.1 管桩基础工程勘察文件的文字报告应包括以下主要内容：

    1 场地与地基液化程度及等级判别及处理建议；

    2 可能发生震陷、湿陷的地基危害程度判别及处理建议；

    3 设计所需极限侧阻力标准值和极限端阻力标准值等参数；

    4 遇水软化岩基的软化系数及耐久性措施建议；

    5 可作为持力层的岩土层高程等值线突变处桩长选用建议；

    6 不同风化程度岩基桩端位置建议；

    7 地下水或土对管桩的腐蚀性评价和处置建议；

    8 对软弱夹层或软弱下卧层的处理建议；

    9 预估单桩竖向承载力及变形量；

    10 设计和施工可能遇有岩土工程问题的处置建议；

    11 减少沉桩挤密效应不利影响的建议；

    12 沉桩施工影响相邻设施正常使用及环境的保护和预防措施建议。

5.5.2 管桩基础工程勘察文件的图件应包括以下主要内容：

    1 标准贯入试验或其他原位测试试验及必要的对比成果；

    2 基坑外缘、地基与基础外缘及中部的地质剖面；

    3 不同风化程度基岩面高程等值线图；

    4 建议持力层的顶板高程等值线图。

6 设 计

6.1 一般规定

6.1.1 管桩基础设计应具备下列资料：

1 符合本规程第 5 章要求的勘察资料；

2 场地与环境条件的有关资料，包括地上及地下管线、地下障碍物的分布，可能受沉桩影响的邻近建（构）筑的地基与基础情况，是否防振和防噪声要求，设备进出场及现场运行条件等；

3 拟建物上部结构类型、荷载大小及分布、对基础沉降及水平变形的要求；

4 复合地基承载力和变形指标、基坑支护稳定性及变形等要求；

5 当地可选用管桩的类型、规格及供应条件；

6 沉桩设备性能及其对地质条件的适应性资料。

6.1.2 设计等级为甲级、受水平和上拔荷载控制、挤土效应显著影响沉桩施工质量、抗震设防烈度 8 度及以上地区的桩基础、水或土对材料有中等及以上腐蚀性的工程不应选用 A 型桩，宜选用直径不小于 400 mm 的 AB、B、C 型桩，或混合配筋管桩和按特定要求设计的管桩。

6.1.3 管桩布置宜符合下列规定：

1 管桩的中心距不宜小于表 6.1.3 的规定；

表 6.1.3 管桩的最小中心距

桩基情况		最小中心距（mm）
桩基	独立承台内桩数超过 30 根，大面积群桩	4.0d
	独立承台内桩数超过 9 根且不超过 30 根； 条形承台内排数超过 2 排； 软化岩基、挤密效应显著地层、膨胀土地基	3.5d
	其他地基条件	3.0d
复合地基	正常固结土桩长范围内挤土效应明显	3.5d
	劲芯水泥土桩中插入管桩、植入法沉桩	2.5d
基坑支护	砂性土或软弱土	≤ 0.9（1.5d+0.5）
	其他	≥300

注：1　表中 d 为管桩外径，当相邻的桩直径不同时，d 取大者；

　　2　桩的最小中心距指两根桩横截面中心点之间的距离；

　　3　当采用减少挤土效应措施时，桩的最小中心距可适当调整。

2　群桩的承载力合力点宜与其上部结构竖向荷载合力作用点相重合；

3　剪力墙结构宜直接布置在墙下，并避免在底层墙上开有洞口位置下布桩；

4　同一结构单元不宜同时采用摩擦型桩和端承型桩以及不同的基础类型；

5　框架-核心筒结构可采取调整桩长、桩径、桩间距等布桩方式增强核心筒区域基础刚度；

6　桩径小于 500 mm 时，同一承台内的桩数不宜少于 2 根。

6.1.4 管桩持力层选择和桩长的确定宜符合下列规定：

1 宜以较厚或较均匀的坚硬土层作为桩端持力层；

2 除微风化岩基外，桩端全截面进入持力层的深度不应小于500 mm，对黏性土、粉土、全风化岩不小于 2 倍桩径，强风化岩、砂土不小于 1.5 倍桩径，卵石土不小于 1.0 倍桩径；

3 当存在软弱下卧层或桩径大于 600 mm 时，桩端以下坚硬层的厚度不应小于 3 倍桩径且不小于 5 m；

4 桩的长径比不宜大于 50，且桩长不宜小于 6 m；

5 宜采用单节桩，多节桩的接头数量不宜多于 2 个。

6.1.5 管桩基础应根据工程具体情况分别进行下列计算和验算：

1 基桩的竖向抗压承载力或抗拔承载力、水平承载力计算；

2 桩身抗弯强度和抗剪强度验算；

3 承台的承载力计算；

4 抗震设防区基桩的抗震承载力验算；

5 符合本规程第 3.0.11 条规定工程的沉降计算和观测标准；

6 位于坡地、岸边工程的整体稳定验算；

7 承受水平荷载或对水平变形有严格要求的水平变形验算；

8 按环境类别和相应的裂缝控制等级的抗裂及裂缝宽度验算；

9 桩端平面以下存在软弱下卧层的强度验算；

10 不能避免同一结构单元同时采用摩擦型桩和端承型桩或同时采用不同基础类型的差异沉降验算；

11 桩长径比大于 50 或新近填土场地基桩的稳定验算；

12 承受上拔荷载管桩接头部位的强度验算和灌芯长度计算。

6.1.6 地下水或土对混凝土及其中钢筋有中等及以上腐蚀的管桩基础设计应符合下列规定：

　　1　采用壁厚不小于 125 mm、掺有磨细掺合料的管桩；

　　2　采用封口型桩尖；

　　3　除开口桩尖植桩法外，管孔内应灌注强度等级不低于 C30 的微膨胀混凝土。

6.1.7　管桩复合地基设计应符合下列规定：

　　1　根据地质条件、工程特点和设计要求确定地基处理方案，并选择承载力和压缩模量相对较高的岩土层作为桩端持力层；

　　2　管桩可单独作为增强体使用，或与碎石桩、水泥土桩、灰土挤密桩、CFG 桩、高压旋喷桩等组合和复合使用形成复合地基时，并可采用长短桩组合复合地基；

　　3　对处理深度及变形计算深度范围内存在有软土、欠固结土、膨胀土、可液化土或湿陷填土时，应按现行国家行业标准《建筑地基处理技术规范》JGJ 79 先采用预压、夯实、挤密或其他材料增强体的复合地基等方法进行预处理。

6.1.8　管桩桩基、管桩复合地基的变形计算应按《建筑桩基技术规范》JGJ 94 和《建筑地基处理技术规范》JGJ 79 要求执行，并应符合《建筑地基基础设计规范》GB 50007 变形允许值的规定。

6.1.9　管桩基坑支护结构设计应符合下列规定：

　　1　基坑支护结构选型可根据工程地质、周边环境、地下水等条件按表 6.1.9 选择；

表 6.1.9 支护结构选型

支护形式		备 注
锚拉、内支撑型	排桩-预应力锚杆	
	双排桩-预应力锚杆	
	排桩-内支撑	
悬臂式	排桩	深度小于 7 m
	双排桩	小于 12 m

注：1 当同一基坑不同区段的周边环境条件、土层性状、基坑深度等不同时，可分别采用不同的支护形式；

2 当需要设置截水帷幕时，可采用与其外部旋喷桩联合形成帷幕等。

2 基坑支护管桩宜根据土层情况、内力计算结果等选择混合配筋、高配筋率及其组合形式或单独设计的特殊性能的桩形。

6.2 桩基计算

6.2.1 受水平荷载作用较小的群桩基础，应按下列公式计算基桩或群桩的桩顶作用效应。

1 轴心竖向力作用下

$$N_k = \frac{F_k + G_k}{n} \qquad (6.2.1\text{-}1)$$

2 偏心竖向力作用下

$$N_{ik} = \frac{F_k + G_k}{n} \pm \frac{M_{xk} y_i}{\sum y_i^2} \pm \frac{M_{yk} x_i}{\sum x_i^2} \qquad (6.2.1\text{-}2)$$

3 水平力作用下

$$H_{ik} = \frac{H_k}{n} \qquad (6.2.1\text{-}3)$$

式中　F_k——荷载效应标准组合下，作用于承台顶面的竖向力；

　　　　G_k——桩基承台和承台上土自重标准值，对稳定地下水位以下部分应扣除水的浮力；

　　　　N_k——荷载效应标准组合轴心竖向力作用下，基桩或复合基桩的平均竖向力；

　　　　N_{ik}——荷载效应标准组合偏心竖向力作用下，第 i 基桩或复合基桩的竖向力；

　　M_{xk}、M_{yk}——荷载效应标准组合下，作用于承台底面，绕通过桩群形心的 x、y 主轴的力矩；

x_i、x_j、y_i、y_j——第 i、j 基桩或复合基桩至 x 轴、y 轴的距离；

　　　　H_k——荷载效应标准组合下，作用于承台底面的水平力；

　　　　H_{ik}——荷载效应标准组合下，作用于第 i 根基桩或复合基桩的水平力；

　　　　n——基桩数量。

6.2.2 桩基竖向承载力计算应符合下列规定。

1 荷载效应标准组合：

轴心竖向力作用下

$$N_k \leqslant R \qquad (6.2.2\text{-}1)$$

偏心竖向力作用下，除满足式（6.2.2-1）外，尚应满足式（6.2.2-2）的要求：

$$N_{kmax} \leqslant 1.2R \qquad (6.2.2\text{-}2)$$

2 地震作用效应和荷载效应标准组合：

轴心竖向力作用下

$$NE_k \leq 1.25R \qquad (6.2.2-3)$$

偏心竖向力作用下，除满足式（6.2.2-3）外，尚应满足式（6.2.2-4）的要求：

$$NE_{kmax} \leq 1.5R \qquad (6.2.2-4)$$

式中　N_k——荷载效应标准组合轴心竖向力作用下，基桩或复合基桩的平均竖向力；

　　　N_{kmax}——荷载效应标准组合偏心竖向力作用下，桩顶最大竖向力；

　　　N_{Ek}——地震作用效应和荷载效应标准组合下，基桩或复合基桩的平均竖向力；

　　　N_{Ekmax}——地震作用效应和荷载效应标准组合下，基桩或复合基桩的最大竖向力；

　　　R——基桩或复合基桩竖向承载力特征值。

6.2.3 管桩单桩竖向承载力特征值按式（6.2.3）计算：

$$R_a = Q_{uk}/K \qquad (6.2.3)$$

式中　R_a——单桩竖向承载力特征值；

　　　Q_{uk}——单桩竖向极限承载力标准值；

　　　K——安全系数，取 $K=2$。

6.2.4 基桩竖向承载力特征值应按下列方法确定。

1 当不考虑承台作用时：

$$R = R_a \qquad (6.2.4)$$

式中　　R——基桩竖向承载力特征值；

　　　　R_a——单桩竖向承载力特征值。

　　2　当考虑承台效应时，基桩或复合基桩竖向承载力特征值计算按《建筑桩基技术规范》JGJ 94执行。

6.2.5　单桩竖向极限承载力标准值确定应符合下列规定：

　　1　设计等级为甲级或地质条件复杂的乙级工程，通过设计和施工前试桩的单桩静载荷试验确定，试桩数量符合本规程 3.0.4 条规定；

　　2　地质条件简单、设计等级为乙级的工程，应依据类似地质条件的试桩资料并结合高应变动力试桩结果确定，依据资料的桩数或高应变动力试桩数量不应少于 5 根；

　　3　设计等级为丙级的桩工程，应参照类似地质条件的试桩资料确定。

6.2.6　初步设计时管桩单桩竖向承载力可按下列方法进行估算。

　　1　持力层为砂卵石时，单桩竖向极限承载力标准值可按下式计算：

$$Q_{uk}=u\sum q_{sik}l_i+ \xi_p q_{pk}A_p \qquad (6.2.6\text{-}1)$$

式中　　Q_{uk}——单桩竖向极限承载力标准值；

　　　　u ——桩身外周长；

　　　　q_{sik}——桩周第 i 层地基岩土的极限侧阻力标准值，可按本规程附录 G 表 G.0.1 取值。

　　　　l_i ——桩穿越的第 i 层地基岩土的厚度，当桩端持力层为强风化岩且其进入深度大于 4 倍桩径时，按 4 倍桩径计算；

　　　　ξ_p ——桩端土层的端阻力修正系数，可按表 6.2.6 取值；

　　　　q_{pk} ——桩的极限端阻力标准值，可按本规程附录 G 表 G.0.2

取值；

A_p——桩身截面水平投影面积。

表 6.2.6 管桩的端阻力修正系数 ξ_p

桩端岩土的类别	直径（mm）	标准贯入击数 N	ξ_p 值
黏性土	—	—	1.20 ~ 1.30
粉土、粉砂	—	—	1.15 ~ 1.30
圆砾、碎石、卵石	300	—	1.20 ~ 1.80
	400	—	1.10 ~ 1.60
	500	—	1.10 ~ 1.50
	600	—	1.10 ~ 1.20
	800	—	1.00 ~ 1.10
全风化、强风化泥岩	—	$N < 30$	0.90 ~ 1.00
	—	$30 < N \leqslant 50$	1.00 ~ 1.20
	—	$N > 50$	1.00 ~ 1.35

注：1 选取 ξ_p 时，应综合考虑桩长、岩土的标准贯入击数 N、桩端进入持力层深度、沉桩锤重等因素；

2 桩长超过 25 m 时 ξ_p 应适当降低，桩长短于 9 m 时 ξ_p 可适当提高，或通过试桩实测资料。

2 当持力层岩石天然单轴抗压强度大于等于 4.5 MPa 且饱和单轴抗压强度与天然单轴抗压强度之比大于等于 0.75 时，单桩竖向承载力标准值按式（6.2.6-2）计算；

$$R_a \leqslant \zeta \ \psi_c f_c A \qquad (6.2.6\text{-}2)$$

式中 f_c——管桩混凝土轴心抗压强度设计值，按《混凝土结构设计规范》GB 50010 取值；

A——桩身的横截面净面积；

ζ——经验系数，可取 0.6～0.70；

ψ_c——工作条件系数，取 0.7，当抗震设防烈度为 8 度及以上时取 0.6。

3 当持力层岩石天然单轴抗压强度小于 4.5 MPa 或饱和单轴抗压强度与天然单轴抗压强度之比大于等于 0.45 且小于 0.75 时，单桩竖向极限承载力标准值按式（6.2.6-3）计算：

$$Q_{uk}=u \sum q_{sik}l_i+q_{pk}A_p \qquad (6.2.6\text{-}3)$$

式中 q_{pk}——桩极限端阻力标准值，由试验确定，或按地区经验取 9000～15 000 kPa，群桩且有群桩效应时取低值。

4 当饱和单轴抗压强度与天然单轴抗压强度之比小于 0.45 时，单桩竖向极限承载力标准值通过现场试验确定。

5 对其他地基条件的单桩竖向极限承载力标准值按式（6.2.6-3）估算，桩极限端阻力标准值宜按本规程附录 G 中相应规定取值。

6.2.7 管桩基础的水平承载力应按《建筑桩基技术规范》JGJ 94 的有关规定确定，基坑支护管桩水平承载力和抗弯能力应按桩自身性能及接桩部位性能确定。

6.2.8 当管桩基础承受上拔荷载时，单桩抗拔承载力的验算应符合《建筑桩基技术规范》JGJ 94 规定，并应满足本规程第 6.2.9 条的有关要求。

6.2.9 管桩桩身强度应满足下列要求：

1 轴心受压

$$N \leqslant \psi_c f_c A \qquad (6.2.9\text{-}1)$$

式中 N——荷载效应基本组合下的桩顶轴向压力设计值；

A——桩身的横截面净面积；

f_c——桩身混凝土轴心抗压强度设计值；

ψ_c——工作条件系数，取 0.7，当抗震设防烈度为 8 度时取 0.6。

2 轴心受拉

$$N_t \leqslant R_{pl} \qquad\qquad （6.2.9\text{-}2）$$

$$R_{pl} = \sigma_{pc} A \qquad\qquad （6.2.9\text{-}3）$$

式中 N_t——荷载效应基本组合下的桩顶轴向拔力设计值；

R_{pl}——桩身抗拔承载力设计值；

σ_{pc}——管桩混凝土有效预应力，当产品说明书未给出 σ_{pc} 时，可按本规程附录 B 或设计要求取值；

A——桩身的横截面净面积。

3 承受上拔荷载的管桩接头采用焊接时，可按式（6.2.9-4）验算：

$$N_t \leqslant l_w\, h_e\, f_t^w \qquad\qquad （6.2.9\text{-}4）$$

式中 l_w——焊缝长度，$l_w = \pi(d_1 + d_2)/2$，其中 d_1 为焊缝外径，可取 $d_1 = d - 2$，d_2 为焊缝内径，可取 $d_2 = d - 24$，d 为管桩外径；

h_e——焊缝计算厚度，$h_e = 0.75s$，其中 s 为焊缝坡口根部至焊缝表面的最短距离，宜取 12 mm；

f_t^w——焊缝抗拉强度设计值，宜取 170 MPa。

4 当利用管桩孔内锚固于顶部填芯混凝土中的钢筋作为传递

上拔荷载的受力钢筋时，应按下列各式计算填芯混凝土的抗拔受力钢筋数量和确定填芯混凝土的长度：

$$A_s \geqslant N_t / f_y \qquad (6.2.9-5)$$

$$L_a \geqslant N_t / (f_n U_m) \qquad (6.2.9-6)$$

式中　L_a——填芯混凝土的长度；

　　　f_n——填芯混凝土与管桩内壁的黏结强度设计值，宜由现场试验确定；当缺乏试验资料时，C30 的微膨胀混凝土可取 0.25～0.35 MPa；

　　　U_m——管桩内孔圆周长度；

　　　A_s——管桩内孔受拉钢筋面积；

　　　f_y——钢筋的抗拉强度设计值。

6.2.10　桩基承台设计应按《建筑桩基技术规范》JGJ 94 要求执行。

6.3　复合地基计算

6.3.1　复合地基承载力特征值和单桩竖向抗压承载力特征值应通过静载荷试验确定。初步设计时复合地基承载力特征值可按下式估算：

$$f_{spk} = \lambda m R_a / A_p + \beta(1-m) f_{sk} \qquad (6.3.1)$$

式中　λ——单桩承载力发挥系数，可取 0.85～0.95，桩间土为软弱土层或施工扰动明显时取低值；

　　　m——管桩的面积置换率；

　　　R_a——管桩竖向承载力特征值，可按本规程第 6.3.3 条计算；

　　　A_p——管桩的截面面积；

β——桩间土承载力发挥系数，可取 0.8 ~ 1.0，沉桩对桩间土有不利影响时取低值；

f_{sk}——处理后桩间土承载力特征值，可取天然地基承载力特征值。

6.3.2 多桩型复合地基承载力特征值应通过多桩复合地基静载荷试验确定。初步设计时，宜按下列方法进行计算。

1 管桩与具有黏结强度的桩组合形成的复合地基承载力特征值，可采用下式计算：

$$f_{spk} = \lambda_1 m_1 R_{a1}/A_{p1} + \lambda_2 m_2 R_{a2}/A_{p2} + \beta(1 - m_1 - m_2)f_{sk}$$

（6.3.2-1）

式中 m_1、m_2——分别为增强体桩 1、桩 2 的面积置换率；

λ_1、λ_2——分别为增强体桩 1、桩 2 单桩承载力发挥系数；应由单桩复合地基试验按等变形准则确定，或可按经验取值，刚度较大的增强体桩可取 0.85 ~ 0.95，刚度较小的增强体桩宜取 0.5 ~ 0.8；

R_{a1}、R_{a2}——分别为增强体桩 1、桩 2 单桩承载力特征值；

A_{p1}、A_{p2}——分别为增强体桩 1、桩 2 的截面面积；

β——桩间土承载力发挥系数，无经验时可取 0.8 ~ 1.0；

f_{sk}——处理后复合地基桩间土承载力特征值，可取天然地基承载力特征值。

2 管桩与散体材料桩组合形成的复合地基承载力特征值，可采用式（6.3.2-2）计算：

$$f_{spk} = \lambda_1 m_1 R_{a1}/A_{p1} + \beta[1 - m_1 - m_2(n-1)]f_{sk}$$

$$(6.3.2-2)$$

式中　β——复合地基桩间土承载力发挥系数；

　　　n——散体材料桩的桩土应力比；

　　　f_{sk}——处理前桩间土承载力特征值；

　　　m_1、m_2——管桩、散体材料桩的面积置换率。

3　多桩型复合地基面积置换率，应根据基础面积及其范围内实际的布桩数量计算，当基础面积较大或为条形基础时，可用单元面积置换率替代，并应符合下列规定：

1） 当按图 6.3.2(a)布桩时

$$m_1=A_{p1}/(2S_1 \cdot S_2)，\quad m_2=A_{p2}/(2S_1 \cdot S_2)$$

$$(6.3.2-3)$$

2） 当按图 6.3.2(b)布桩且 $S_1=S_2$ 时

$$m_1=A_{p1}/S^2_1，\quad m_2=A_{p2}/S^2_2$$

$$(6.3.2-4)$$

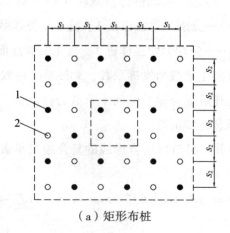

（a）矩形布桩

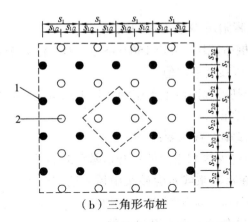

（b）三角形布桩

图 6.3.2 多桩型复合地基单元面积计算模型

1—管桩；2—散体桩

6.3.3 管桩增强体单桩竖向承载力计算应符合下列规定：

1 采用锤击沉桩法、静压沉桩法施工时，初步设计可按下列公式估算，并取其中小值：

$$R_a = u_p \sum q_{si} l_{pi} + \alpha_p q_p A_p \qquad (6.3.3\text{-}1)$$

$$f_{cu} \geqslant 4 \frac{\lambda R_a}{A_p} \left[1 + \frac{\gamma_m (d - 0.5)}{f_{spa}} \right] \qquad (6.3.3\text{-}2)$$

式中 R_a——单桩承载力特征值；

u_p——桩的周长；

q_{si}——桩周第 i 层土的侧阻力特征值；

l_{pi}——桩长范围内第 i 层土的厚度；

α_p——桩端端阻力发挥系数，可按地区经验确定，一般可取 0.8~1.0；

q_p——桩端阻力特征值，可按经验取值，无经验时可按本规程附录 G 表 G.0.2 取值；

f_{cu}——桩体试块（边长 150 mm 立方体）标养 28d 的立方体抗压强度平均值；

λ_m——基础底面以上土层的加权平均重度，地下水位以下取浮重度；

d——基础埋置深度；

f_{spa}——经深度修正后的复合地基承载力特征值。

2 采用在水泥浆或水泥砂浆中植入法沉桩时，桩承载力验算不应考虑桩身外围水泥浆或水泥砂浆的强度。单桩竖向承载力特征值可按下列公式估算，并取其最小值：

$$R_a = \alpha_{si}\pi\sum d_{si}q_{si}l_{pi} + \alpha_p q_p A_p \tag{6.3.3-3}$$

$$f_{cu} \geqslant \frac{3.5}{A_p}\left[1 + \frac{\gamma_m(d-0.5)}{f_{spa}}\right] \tag{6.3.3-4}$$

式中　α_{si}——桩侧阻力发挥系数，可取 1.1 ~ 1.3，黏性土可取低值，砂性土可取高值；

α_p——桩端阻力发挥系数，应根据管桩插入深度确定，当插入深度大于全桩长时，可取 1.5 ~ 2.5，插入深度小于全桩长时宜取 0.5 ~ 1.0；

q_{si}——桩侧阻力特征值，可取泥浆护壁钻孔灌注桩桩侧阻力特征值；

q_p——桩端阻力特征值，应根据管桩插入深度确定，当插入深度大于全桩长插入时，宜按灌注桩桩端阻力取值，插入深度小于全桩长时宜取水泥土桩桩端土承载力特征值；

d_{si}——桩外水泥浆或砂浆的直径。

6.3.4 管桩复合地基应在基础和增强体之间设置褥垫层，并宜符合下列规定：

1 褥垫层厚度宜控制在 200～400 mm 之间；

2 褥垫层材料可选用粒径不大于 25 mm 的级配砂石；

3 对膨胀土地基，宜采用灰土垫层，其厚度不宜小于 300 mm；

4 褥垫层实施前应对桩顶进行填芯封堵，填芯高度不宜小于管桩直径的 2 倍，填芯混凝土强度等级不宜小于 C20；

5 砂石褥垫层夯填度（夯实后的厚度与虚铺厚度的比值）不应大于 0.90，灰土褥垫层压实系数不应大于 0.94。

6.3.5 管桩复合地基与其他类型的增强体组合时，设计尚应符合《建筑地基处理技术规范》JGJ 79、《刚-柔性桩复合地基技术规程》JGJ/T 210、《水泥土复合管桩基础技术规程》JGJ/T330 和《劲性复合桩技术规程》JGJ/T 327 等的相关规定。

6.4 基坑支护计算

6.4.1 整体稳定性验算应符合下列规定。

1 稳定安全系数宜采用圆弧滑动法计算，并应符合下式要求：

$$M_R / M_s \geqslant K_s \qquad (6.4.1)$$

式中 M_s、M_R——作用于危险滑弧面上的滑动力矩标准值和抗滑力矩标准值；

K_s——整体稳定安全系数，按本规程第 6.4.2 条执行。

2 稳定性验算采用的土体抗剪强度指标，应根据土质条件、工程实际情况选用。对新近填土、膨胀土受水浸湿可能性较大时，宜采用饱和状态下的强度参数进行校核，校核采用的安全系数可根据基坑重要性及浸水可能性大小确定，且不应小于 1.0；

   3 危险滑动面除包括绕桩端以下滑动外，尚应包含坑底部位受剪桩处理滑动面。

6.4.2 整体稳定安全系数应符合下列规定：

   1 复合土钉墙支护不应小于 1.3；

   2 锚拉式、支撑式支护不应小于 1.35；

   3 对黏性土不计渗流力作用时，支护整体稳定性安全系数不应小于 1.4。

6.4.3 桩锚支护结构应通过水平抗滑移稳定性、上部抗倾覆稳定性、下部踢脚稳定性和整体稳定性分析确定支点力。

6.4.4 基坑管桩支护结构重要性系数应符合《建筑基坑支护技术规程》JGJ 120 的规定。

6.4.5 桩锚、锚杆复合支护结构设计应符合下列规定：

   1 管桩宜插入基底深度应满足基底承载力验算要求和支护结构稳定性要求；

   2 软弱土、新近填土或发生浸水可能性大的膨胀土基坑，不宜采用普通型预应力锚杆；

   3 锚杆最大张拉荷载不应大于锚杆承载力设计值的 1.1 倍且不宜大于杆体抗拉强度标准值的 60%，锁定值宜为锚杆承载力设计值的 60%~70%。

6.4.6 排桩支护结构的设计应符合下列规定：

   1 选择管桩型号时，管桩的设计弯矩应符合下式要求：

$$M=1.35\gamma_0 M_c \qquad\qquad (6.4.6)$$

式中 γ_0——支护结构重要性系数，不应小于 1.0；

       M_c——管桩弯矩计算值。

2 排桩嵌固深度计算值可按抗倾覆稳定性计算确定，嵌固深度计算结果小于 0.4 倍基坑开挖深度时，应取大于等于 0.4 倍基坑开挖深度；

3 悬臂支护管桩不宜接桩；

4 桩锚等支护管桩需要接桩时，避开弯矩、剪力较大区域段，并应根据排桩内力计算结果进行焊缝的抗剪、抗拉强度验算，重要工程应通过试验检验接桩处承载力。

6.4.7 双排桩中心排距，前后排对应布桩时不宜小于 3 倍桩径，间隔布置时不宜小于 2 倍桩径。

6.4.8 支护桩桩间宜采用在桩间设置长度不小于 1 倍桩间距土钉固定钢筋网及喷射厚度不小于 80 mm 的混凝土面板进行支护。

6.5 构造要求

6.5.1 桩尖制作按本规程附录 H 执行，桩尖选用应遵循下列原则：

1 以岩石作为桩端土持力层时，应选用开口型钢桩尖或十字型钢桩尖；

2 以砂卵石作为桩端土持力层时，应选用锥形钢桩尖或十字型钢桩尖；

3 当桩端持力层为遇水软化岩土层时，应选用封口型桩尖。

6.5.2 管桩基础承受上拔荷载时，管桩接头宜采用机械连接；地下水或土对混凝土及其中钢筋有腐蚀性时，端头板厚度不小于 16 mm。

6.5.3 管桩与承台连接应符合下列规定：

1 桩顶嵌入深度不小于 50 mm，当受水平力较大时，不宜小于 100 mm；

2 桩与承台之间连接应设置连接钢筋，钢筋伸入管桩内的长度应不小于 40 倍钢筋直径，并与顶部填芯混凝土灌注深度相同；

3 连接钢筋，直径 300 mm 和直径 400 mm 的桩不小于 $4\phi14$、直径 500 mm 的桩不小于 $4\phi20$；

4 承受上拔荷载的管桩，连接钢筋数量除满足本规程式（6.2.9-5）要求外，钢筋锚入承台内的长度尚应满足《混凝土结构设计规范》GB 50010 的规定。

6.5.4 管桩顶部混凝土填芯宜符合下列规定：

1 采用微膨胀细石混凝土，其强度等级宜比承台提高一级，且不得低于 C30；

2 承压管桩填芯深度不得小于 1.0 m；

3 承受上拔荷载的桩填芯深度应满足本规程式（6.2.9-6）要求，且不小于 2.0 m；

4 填芯混凝土应灌注密实。

6.5.5 管桩基础承台之间连系梁应符合下列规定：

1 有抗震设防要求的柱下桩基承台，宜沿两个主轴方向设置；

2 单桩及两桩承台应在两个方向设置；

3 连系梁高度不小于 400 mm，宽度不小于 250 mm；

4 连系梁配筋应按计算确定，梁上、下部配筋不宜小于 2 根直径为 12 mm 的钢筋，并应按受拉钢筋锚入承台，当连系梁承受柱底弯矩时，应按框架梁配筋设计。

6.5.6 桩端持力层为遇水软化岩土层时，桩内底部宜灌注高度 1.5~2 m、强度等级不低于 C30 的微膨胀细石混凝土。

6.5.7 管桩支护结构应符合下列规定：

1 管桩直径不宜小于 500 mm，并宜取 100 mm 模数的桩径；

2 当相邻桩间净距小于 500 mm 时，可对桩间土采取喷射混凝土等防护措施；

　　3　桩间防护面应设置直径不小于 50 mm、纵横间距不大于 2.0 m 的泄水孔；

　　4　桩顶应设置钢筋混凝土冠梁，并宜沿基坑形成封闭结构。桩填芯混凝土纵向钢筋应锚入冠梁内，灌芯、冠梁混凝土强度等级不应低于 C30，宽度宜大于排桩桩径 200 mm，高度不宜小于 400 mm。

7 施 工

7.1 一般规定

7.1.1 管桩基础工程施工前应编制施工组织设计或专项施工方案，并经有关单位或部门审批后实施。

7.1.2 遇有下列情况之一时应对施工组织设计或专项施工方案进行论证。

1 沉桩施工可能影响邻近建（构）筑和环境的正常使用及安全；

2 不同沉桩工艺联合使用；

3 基坑内沉桩施工。

7.1.3 管桩基础工程施工应具备以下基本条件：

1 经审查合格的施工组织设计或专项施工方案；

2 施工现场平整且满足沉桩机具作业和行走要求，排水通畅；

3 进场的管桩及配件符合设计要求，具有产品合格证，并复验合格；

4 正式施工前已进行安全技术交底。

7.1.4 为设计提供依据和确定施工工艺适用性的试桩施工应符合下列规定：

1 试桩的位置、规格及长度由勘察、设计、监理、建设及施工单位共同商定；

2 试桩施工工艺应与工程桩拟采用的施工工艺一致；

3 沉桩达到休止时间后进行设计和施工所需要的参数测试。

7.1.5 管桩基础工程宜根据场地环境条件和沉桩工艺采取下列施工质量控制措施：

1 按试桩确定的施工工艺及参数进行施工；

2 合理安排打桩顺序；

3 施打前采取引孔、隔离墙或地面隔振沟等必要的辅助措施；

4 控制合理的日沉桩进尺数量等。

7.1.6 沉桩施工过程中应设置观测点监测桩的上浮量和桩位偏移值。观测点数量不少于桩总数的20%，当桩身上浮、偏位明显时应全数监测。

7.1.7 出现下列情况之一时应暂停施工，并会同设计、勘察和监理等有关人员商讨处理：

1 贯入度突变或总锤击数超过限值；

2 桩头及桩身出现裂缝、混凝土剥落或破碎；

3 桩身突然倾斜、错位；

4 地面明显隆起、邻桩上浮或位移过大；

5 其他异常情况。

7.1.8 管桩基础工程的土方开挖应符合下列规定：

1 土方开挖宜在基桩检测合格后进行；

2 桩间土、桩顶1.0 m内的土方应采用人工分层进行；

3 当桩顶高度不等时，应采用人工逐批截桩后再行开挖；

4 当深度范围内有较厚的淤泥等软弱土层时，宜在桩与桩之间采取固定措施；

5 在饱黏性土、粉土地区，应在沉桩全部完成15 d后进行开挖；

6 挖土宜分层、分区对称均匀进行，且桩周土体高差不宜大于1.5 m；

7 挖土机械和运土车辆在基坑中工作时不得损害和影响侧壁稳定；

8 严禁在同一基坑内边开挖边沉桩。

7.1.9 基坑内沉桩时，应采取有效措施减少振动和挤土所产生的各种不利影响，并应对基坑支护结构和周围环境进行监测。

7.2 吊运和堆放

7.2.1 管桩宜采用平板车运输，并应采取措施防止桩滑移、滚动与损伤。

7.2.2 管桩的吊装和搬运应符合下列规定：

1 桩身混凝土应达到100%设计强度；

2 吊运过程中应轻吊轻放，严禁碰撞、滚落；

3 施工现场不宜多次倒运，避免造成桩身的破损；

4 长度小于等于15m且符合现行国家标准《先张法预应力混凝土管桩》GB 13476规定的单节桩采用图7.2.2-1所示的两点起吊，或采用专用吊钩钩住桩两端内壁进行水平起吊；

图 7.2.2-1 15 m 以下桩吊点位置

5 长度大于15m且小于30m的拼接桩，应按图7.2.2-2采用四点吊；长度大于30m的拼接桩，应采用多点吊，吊点位置应通过验算确定。

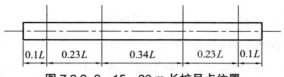

图 7.2.2-2　15~30 m 长桩吊点位置

7.2.3 管桩堆放应符合下列规定：

　　1 堆放场地应平整坚实，排水条件良好；

　　2 按不同规格、长度及施工流水顺序分类堆放；

　　3 宜单层或双层堆放，直径大于 500 mm 堆放不宜超过 4 层，直径小于等于 500 mm 不宜超过 6 层；

　　4 堆放时应在垂直于桩身长度方向的地面上设置耐压的长木方或枕木作为垫木，底层最外缘桩的垫木应用木楔塞紧，叠层堆放上下对应的垫木位置应距桩端 0.21 倍桩长处。

7.2.4 施工现场应采用吊机取桩，严禁拖拉移桩。

7.2.5 严禁使用质量不合格及在搬运过程中破损的管桩。

7.3　接桩与截桩

7.3.1 管桩接长宜符合下列规定：

　　1 可采用焊接连接或机械连接；

　　2 相邻基桩接头在竖向方向上宜错开；

　　3 接长时上下节桩身应对中，其偏差不宜大于 2 mm；

　　4 下节桩的桩头处宜设置导向箍或采取其他使上节桩就位的导向措施；

　　5 锤击沉桩施工，不得利用截下的桩作接长使用；

　　6 避免在桩尖接近砂层、碎石、卵石等硬土层时进行。

7.3.2 桩尖和接桩的焊接施工除焊缝质量应符合现行国家标准《钢结构工程施工质量验收规范》GB 50205 和《钢结构焊接规范》GB 50661 中二级焊缝要求的有关规定外，尚应符合下列规定：

1 钢桩尖宜在工厂内制作，在工地制作时宜在堆放场进行，严禁桩起吊后点焊、仰焊；

2 入土桩段的桩头宜高出地面 0.8～1.0 m；

3 接桩时上下节桩应保持顺直，逐节接桩节点接头偏差不得大于 20 mm；

4 上下节桩接头端板坡口应用铁刷子清刷至露出金属光泽并保持干燥；

5 焊接时宜先在坡口圆周上对称点焊 4～6 点，待上节桩固定并拆除导向箍后分层、对称施焊；

6 焊接层数不得少于两层，内层焊渣必须清理干净后施焊外层，焊缝应饱满连续；

7 手工电弧焊接应符合下列规定：

1）第一层必须用小于 ϕ3.2 mm 电焊条打底且根部焊透；

2）第二层宜采用 E43 型粗焊条，其质量应符合现行国家标准《非合金钢及细晶粒钢焊条》GB/T 5117 的有关规定；

3）采用《焊接用二氧化碳》HG/T 2537 规定的二氧化碳气体保护焊时，焊丝宜采用 ER50-6 型，其质量应符合现行国家标准《气体保护电弧焊用碳钢、低合金钢焊丝》GB/T 8110 的有关规定。

8 焊接接头应进行外观检查，检查合格后必须按表 7.3.2 规定的自然冷却后方可继续沉桩，严禁浇水冷却或不冷却沉桩。

表 7.3.2　自然冷却时间

锤击桩	静压桩	采用二氧化碳气体保护焊
8 min	6 min	3 min

9　地下水或土对混凝土及其中钢筋有腐蚀性时，接头焊缝坡口根部至焊缝表面的最短距离不小于 12 mm。

7.3.3　机械螺纹接头接桩应符合下列规定：

1　接桩前检查桩两端制作的尺寸偏差及连接件，无损坏后方可起吊；

2　下节桩的桩头宜高出地面 0.8～1.0 m；

3　接桩时，卸下上节、下节桩两端的保护装置，清理接头残留物，涂抹润滑脂；

4　采用专用接头锥度对中并用专用链条式扳手旋紧至两端板的间隙不大于 2 mm；

5　地下水或土对混凝土及其中钢筋有腐蚀性时，连接螺纹处应涂刷沥青漆进行防腐处理。

7.3.4　机械啮合接头接桩应符合下列规定：

1　连接处的桩端端头板必须先清理干净，将满涂沥青涂料的连接销逐根旋入端板的螺栓孔内，并用模型板调整连接销的方位；

2　剔除管桩端板连接槽内填塞的泡塑保护块，槽注入不少于一半槽深、端板外周边抹宽度 20 mm 且厚度 2 mm 的沥青涂料，当土和水为中等以上腐蚀介质时端板板面应涂满且厚度大于 3 mm；

3　吊起上节管桩使连接销与端板上的各个连接口对准，随即将连接销插入连接槽内，并加压使上下桩节的桩端端头板接触牢固。

7.3.5 管桩截桩应采用锯桩器。严禁采用锤击截桩或强行扳拉截桩。

7.4 沉桩辅助措施

7.4.1 沉桩辅助措施包括隔振砂沟或隔振砂井带、释放砂井和桩深引孔。

7.4.2 遇到下列情况之一时，宜采用辅助措施进行沉桩：

1 桩长范围内存在密实卵石夹层或漂石、孤石；

2 易造成垂直度偏差或桩身破坏的密实的砂土、碎石土及中风化岩层；

3 沉桩挤土、振动显著影响工程质量或环境安全。

7.4.3 隔振砂沟或隔振砂井带、释放砂井应符合下列规定：

1 应布设在受保护对象与最外侧桩位之间，并靠近保护对象；

2 砂沟深度和宽度、砂井带宽度和深度及孔径宜根据试桩时测试的振动结果并结合工程经验确定；

3 释放砂井孔径、深度和数量宜根据试桩的监测结果和计算挤土量并结合工程经验确定；

4 隔振砂沟或隔振砂井带、释放砂井在成槽、成孔后应填满粒径不大于 100 mm 且不大于孔径 1/3 的砂石料。

7.4.4 振砂井带、释放砂井、桩深引孔应符合下列规定：

1 直径宜小于桩径 50~100 mm；

2 减小挤土效应的孔深度不宜超过桩长的 2/3，提高沉桩效率的孔应穿过密实卵石夹层或漂石、孤石；

3 宜采用长螺旋钻机、旋挖钻机等成孔，或采用高压旋喷切削工艺，并宜采用干作业钻孔，垂直度偏差不宜大于 0.5%；

4 引孔作业和沉桩施工应密切配合，随引随沉，并应在同一个工作台班中完成；

5 引孔时应采取防塌孔措施，孔中积水宜及时抽排。

7.5 锤击法沉桩

Ⅰ 机具选择

7.5.1 打桩机具及其性能可按本规程附录 J 选用，并应考虑下列因素：

1 场地工程地质条件、单桩承载力、管桩规格及入土深度等；

2 不同锤击方式要求的桩锤匹配；

3 适用性验证的试桩结果。

7.5.2 桩帽及衬垫选用应符合下列规定：

1 桩帽及衬垫材料具有足够的强度、刚度和耐打性；

2 桩帽套筒中心与锤垫中心重合，并与管桩直径或边长相匹配，其内径宜比管桩外径大 20～30 mm，严禁以大桩戴小桩帽沉桩；

3 桩帽套筒底面的衬垫压实厚度宜大于 120 mm 且均匀一致，并经常检查、及时更换；

4 桩帽上部设置锤垫，其厚度不应小于 150 mm，沉桩前应进行检查和校正。

7.5.3 送桩器选择和使用应符合下列规定：

1 长度应满足送桩深度的要求，弯曲度不得超过 0.1%；

2 材料具有足够的强度和刚度，两端面应平整；

3 送桩器下端设置套筒，深度应不小于 300 mm，其内径比管桩外径宜大 20~30 mm；

4 严禁使用下端面中间设置有小柱体的插销式送桩器。

Ⅱ 沉桩

7.5.4 施打前准备工作应符合下列规定：

1 核实管桩产品合格证，其规格、批号及制作日期等标识，并应符合设计要求和本规程第 4 章相关规定要求；

2 检查现场管桩的生产日期，符合经高压釜蒸养的管桩出釜冷却至常温的要求；

3 绘制工程桩位编号图，标出现场桩位，桩位的放样轴线偏差不得大于 20 mm；

4 桩身上标注用于观察桩的入土深度及记录每米沉桩锤击数的刻度。

7.5.5 施打顺序确定应遵循下列原则：

1 设计桩长度差别较大时，先长后短；

2 管桩的直径不同时，先大后小；

3 桩顶标高不同时，先低后高；

4 布桩间距相差较大时，先密后疏；

5 集中布置桩数较多时，先内后外。

7.5.6 锤击沉桩施工宜符合下列规定：

1 第一节管桩起吊就位插入地面后，桩身垂直度偏差应小于0.5%；

2 插入厚度较大的淤泥层或松软的回填土地层时，可采用空锤施打；

3 施打过程中保持桩锤、桩帽和桩身的中心线在同一条直线上，并随时检查桩身的垂直度；

4 当桩身垂直度偏差超过要求时，应查明原因并纠正，在桩尖进入硬土层后，严禁用移动桩架等强行回扳的方法纠偏；

5 锤击、接桩、送桩宜连续，并连续施打至设计深度，并采取改进或补救措施；

6 复打时不应送桩，并将管桩内孔积水抽出后进行；

7 沉桩过程中应及时填写本规程附录 K 中的施工记录表，并经当班监理人员或建设单位代表签名验证。

7.5.7 接桩应符合本规程第 7.3 节相关规定。

7.5.8 送桩施工宜符合下列规定：

1 送桩前应测出桩的垂直度并检查桩头质量，合格后方可送桩；

2 地表以下有较厚软弱土层时，送桩深度不宜大于 2.0 m；

3 桩周土为较厚的全风化岩、硬塑～坚硬黏土或中密～密实砂土等时，送桩深度不宜大于 6.0 m。

7.5.9 除设计明确规定以桩长控制的摩擦型桩外，指定桩端持力层的管桩基础应按试桩确认的收锤标准控制桩长。

7.5.10 设计要求桩底混凝土填芯时，应在管桩施工完毕及时浇筑。

Ⅲ 收 锤

7.5.11 收锤标准应依据工程地质条件、单桩承载力特征值、桩规格及入土深度、桩锤冲击能量、桩端持力层性状及桩尖进入持力层深度要求等因素综合考虑确定，并应以进入设计桩端持力层和最后贯入度或最后 1~3 m 的每米锤击数作为主要控制指标。

7.5.12 收锤标准应符合下列规定：

1 最后贯入度不宜小于 20 mm/10 击，连续三阵贯入度逐阵递减并达到设计要求；

2 持力层为强风化岩层或上覆软弱土层的中风化岩层时，最后贯入度不宜小于 15 mm/10 击；

3 当管桩穿越较厚的强风化岩层或卵石层中贯入度已满足设计要求而桩端标高未达到设计要求时，应继续锤击 3 阵，按每阵 10 击的贯入度逐阵递减并不应大于设计规定的数值；

4 单桩总锤击数不宜超过 2500 击，最后 1.0 m 沉桩锤击数不宜超过 300 击；

5 送桩的最后贯入度应根据同一条件下不送桩最后贯入度的 0.8 修正确定。

7.6 静压法沉桩

7.6.1 静压法沉桩适用于较厚且均匀的坚硬黏性土层、密实碎石层和砂层、全风化或强风化岩层作桩端持力层的地基。

7.6.2 压桩设备可采用液压式和绳索式。压桩机选择应符合下列规定：

1 性能指标符合本规程附录 L 表 L.1 的有关要求；

2 夹持机构适应桩截面形状，且桩身混凝土不发生夹裂；

3 压边桩的能力符合现场施工条件；

4 最大压桩力满足按本规程第 7.6.4 条所确定的施压力要求。

7.6.3 压桩机的每件配重必须用磅秤核实并将其质量标记在其外露表面。

7.6.4 静压桩最大施压力确定应符合下列规定：

1 满足管桩设计承载力要求，且不大于压桩机的机架质量与配重之和的 90%；

2 根据现场试压桩结果或工程经验确定，无工程经验可按本规程附录 L 表 L.2 执行；

3 桩身允许抱压压桩力满足下式要求：

$$p_{i\max} \leqslant 0.45(f_c - \sigma_{pc})A \qquad (7.6.4)$$

式中 $p_{i\max}$——桩身允许抱压压桩力；

f_c——管桩离心混凝土抗压强度；

σ_{pc}——管桩混凝土有效预压应力，产品说明书未列出时，可按本规程附录 B 取值；

A—— 桩身横截面净面积。

4 顶压式压桩机的最大施压力或抱压式压桩机送桩时的施压力不宜大于桩身允许抱压压桩力的 10%。

7.6.5 试压桩宜经过 24 h 间歇后进行复压。试压桩完成后应提供符合下列要求的资料：

1 压桩全过程记录，包括压桩机运行情况、压桩深度、压桩力、终压力和复压等；

2 桩穿透岩土层能力判定，包括穿透硬夹层、持力层性质及进入持力层深度等评价；

    3 桩身混凝土经抱压后完整性检查和检测资料；

    4 桩接头形式及接头施工记录；

    5 出现异常情况的详细记录；

    6 单桩承载力测试资料。

7.6.6 抱压式液压桩机作业应符合下列规定：

    1 压桩机满足最大压桩力的要求；

    2 吊机吊桩、喂桩过程中严禁行走和调整，喂桩时夹持机构中夹具避开桩身两侧合缝位置或避免直接接触；

    3 带有桩尖的第一节桩插入地面下大于 0.8 m 后，严格调整桩的垂直度；

    4 不宜采用满载多次复压法，条件许可时宜采用超载施工法。

7.6.7 终压控制标准应符合下列规定：

    1 根据试压桩的试验结果或相近工程的施工经验确定；

    2 终压力值除应满足本规程第 7.6.4 条外，宜按本规程附录 M 进行验算确定；

    3 终压时连续复压次数应根据桩长及地质条件等因素确定且不超过 3 次，对施压入土深度小于 8 m 的桩，复压次数不超过 5 次；

    4 复压压桩力小于 3000 kN 时每次稳压时间不宜超过 10 s，压桩力大于 3000 kN 时每次稳压时间不宜超过 5 s。

7.6.8 压桩施工宜按本规程附录 N 进行全过程记录。

7.7 植入法沉桩

7.7.1 植入法沉桩工艺适用于地质状况复杂、施工条件限制、挤土效应显著明显、锤击或静压沉桩施工方法难达到设计桩端持力层的场地。

7.7.2 桩孔预灌水泥浆、水泥砂浆的制备及使用应符合下列规定：

1 水灰比严格按照设计配合比配置，1 m³ 水泥浆的原材料用量不宜少于表 7.7.2 的规定；

表 7.7.2 水泥浆原材料用量

水灰比 w/c	水泥（kg）	水（kg）
0.6 ~ 1.0	760 ~ 1090	654 ~ 760

2 搅拌均匀，由砂浆泵灌入钻孔，并采取防止浆液离析的措施；

3 输送过程应配备流量计，控制浆液的流量，防止灌入量不足，且流速应根据钻机的升降速度进行调整；

4 根据实际情况加入相应的外加剂，外加剂的用量应通过配比试验及成桩试验确定。

7.7.3 水泥浆、水泥砂浆灌入量应根据桩端地层、沉渣及软化情况确定，宜为钻孔体积扣除桩身体积、浆液终止面与孔顶标高面之间体积的 1.10 ~ 1.20 倍，并根据施工现场情况及时进行调整。

7.7.4 植入法施工应符合下列规定：

1 预成孔直径宜大于桩径 50 ~ 100 mm；

2 孔径应均匀、垂直且不塌孔，孔口应有防止坠物措施；

3 桩植入应与钻孔、浆液灌注保持连续进行，不得水泥浆灌入时间过长后植桩；

4 接桩时，底桩卡口夹具需有足够强度和刚度，防止与上一节桩焊接时滑落，并应在下节桩桩顶距离地面 0.5 ~ 0.8 m 时，用专用夹具将桩固定后吊装下一节桩；

5 植桩过程中应随时检测桩位，偏差不超过 30 mm，并应采用 2 台经纬仪互成 90 度对桩垂直度进行检测，第一节桩垂直度偏差不大于 0.3%，整根桩垂直度偏差不大于 0.5%；

6 管桩与预成孔孔壁间间隙浆液应饱和密实，并根据需要随时补充。

7.7.5 采用在旋喷桩、搅拌桩中植入管桩施工应符合现行行业标准《劲性复合桩技术规程》JGJ/T 327 和《水泥土复合管桩基础技术规程》JGJ/T 330 的相关规定。

7.8 中掘法沉桩

7.8.1 中掘法沉桩工艺适用于桩端持力层为黏性土层、粉土层、砂土层、碎石类土层、强风化基岩等场地。

7.8.2 中掘法沉桩宜采用注浆或旋喷进行桩端处理。浆液质量符合本规程第 7.7.3 条的规定。

7.8.3 扩头进入持力层的深度，桩径小于等于 800 mm 宜为 1.5 倍桩径，桩径大于 800 mm 宜为 2 倍桩径。

7.8.4 中掘法沉桩施工应符合下列规定：

1 沉桩前应做好桩位标记，桩机就位后应进行校准，允许偏差不应大于 30 mm；

2 钻挖桩底端土体时，在砂土、淤泥质土中宜注入压缩空气辅助排土，在超固结黏性土中宜注入压力水和加大压缩空气辅助排土；

3 应控制钻挖深度，并与桩端距离应小于 2 倍桩径；

4 在有承压水砂层中钻进时，应保持孔内水头大于水压；

5 当钻头进入持力层上部时，将扩大翼打开至扩大直径的尺寸进行扩大钻挖，扩头直径应符合设计要求；

6 当钻至扩底深度时，开始注入浆液，钻头应上下反复旋转，确保浆液与地基土搅拌混合均匀；

7 沉桩至设计标高，采用自锁装置固定管桩；

8 钻进结束提钻时，应慢速提起钻杆；

9 沉桩时桩垂直度允许偏差不应大于 0.5%。

7.8.5 中掘法沉桩施工控制可按行业标准《随钻跟管桩技术规程》JGJ/T 344 相关规定执行。

7.9 支护桩与土方开挖

7.9.1 支护管桩应根据环境条件选择沉桩工艺，宜采用静压、中掘、植入法施工；局部静压法施工困难或邻近建（构）筑物及管线对挤土效应影响较敏感时，可采取辅助措施。

7.9.2 支护管桩施工应符合下列规定：

1 采用间隔成桩的施工顺序；

2 沉桩难度小的基坑，管桩可不设置桩尖；

3 在水泥土等止水帷幕中插入管桩，施工次序、机具和施工工艺应符合相关规范的规定。

7.9.3 管桩与土钉墙组合支护结构施工应符合下列规定：

1 可采用静压、植入等方式施工，不应采用锤击方法；

2 桩位偏差不应大于 50 mm，垂直度偏差不应大于 1%，桩嵌入深度应符合设计要求；

3 接桩宜采用套箍螺栓连接或焊接后再套箍螺栓连接方法。

7.9.4 管桩劲芯水泥土桩墙施工应符合下列规定：

1 搅拌水泥土桩墙施工时间间隔，黏性土不应大于 12 h，砂性土不应大于 8 h；当间隔时间不满足时，应进行预搅拌，预搅拌时不得注浆；

2 高压旋喷桩应采用隔孔分序作业，相邻孔作业间隔时间黏性土不宜小于 24 h，砂性土不宜小于 12 h；

3 插入管桩宜在搅拌桩完成时间 6~8 h 内、旋喷桩施工完成后 3~4 h 内完成作业；

4 插入管桩的直径应小于水泥土桩墙实际最小宽度 100 mm 以上，间距应符合设计要求，偏差不应大于 50 mm。

7.9.5 土方开挖前应对支护管桩进行质量检验，并符合下列规定：

1 应检查排桩外观、焊接质量，并经常校核桩位、垂直度，桩位的允许偏差应为 50 mm，桩垂直度的允许偏差应为 0.5%；

2 其他施工允许偏差应符合现行行业标准《建筑桩基技术规范》JGJ 94 的规定；

3 管桩填芯混凝土出露的钢筋笼长度应满足设计要求；

4 冠梁施工前应全数检测桩身完整性。

7.9.6 质量检验不满足设计要求的部位应经设计复核，并采取补救加固措施。

7.9.7 基坑侧壁顶部边缘地带堆土、堆放重物及机械车辆的荷载不得超过设计允许荷载限值。

7.9.8 基坑开挖应符合规程第 7.1.8 条规定，并应对支护结构或边坡进行监测，实施动态管理，确保土体的稳定。

7.9.9 管桩支护结构监测应按设计要求和相关规范执行，并应符合下列规定：

1 安全监测应覆盖管桩施工、土方开挖、基坑工程使用与维护直至基坑回填的全过程；

2 管桩挠曲变形应采用填芯混凝土中预埋测斜管并配合桩顶水平位移监测；

3 对管桩的裂缝和裂缝宽度进行监测；

4 管桩芯桩钢筋与冠梁的连接处外观检查。

7.9.10 管桩基坑工程报警值，除应按现行国家标准《建筑基坑工程监测技术规范》GB 50497 执行外，尚应符合下列规定：

1 管桩裂缝宽度，PHC 大于 0.2mm、PRC 桩大于 0.4 mm；

2 管桩产生的挠曲变形大于 20 mm 且不收敛；

3 排桩-锚杆支护，锚杆张拉锁定后应力损失超过锚杆设计承载力的20%。

8 检验与验收

8.1 一般规定

8.1.1 管桩基础工程检验应按施工前检验、施工过程检验和施工后检验三个阶段进行。

8.1.2 管桩基础工程应进行桩尖、接头连接部位、桩位、桩径、桩长、垂直度、桩身质量、单桩承载力等检查和检验。

8.1.3 管桩基础工程的单桩承载力应在沉桩完毕满足休止时间后进行检测。休止时间应符合下列规定：

    1 对砂土、卵石土场地，不应少于 7 d；

    2 对粉土场地，不应少于 10 d；

    3 黏性土场地，非饱和时不应少于 15 d，饱和时不应少于 25 d；

    4 对遇水软化的岩石场地，不应少于 28 d。

8.1.4 对新近回填、产生负摩阻力或桩顶高于设计桩顶工程进行承载力检测时，宜采取措施消除回填土层、产生负摩阻力土层和设计桩顶以上土层侧阻力对承载力的影响或在确定承载力时扣除其正侧阻力对承载力的贡献。

8.1.5 基桩检测点位宜遵循下列原则布设：

    1 场地内随机、均匀选点；

    2 地质条件相对较差地段（区域）范围的桩；

    3 荷载较大、对变形敏感、设计制定部位的桩；

    4 施工质量有异议或出现过异常情况的桩；

    5 部分完整性检测为Ⅲ类的桩。

8.1.6 桩顶完整性等级为严重损伤的桩应由设计单位提出处理意见，中等损伤的桩按 8.4.7 条进行检测。

8.2 施工前检验

8.2.1 管桩运至现场应进行成品桩质量检查和验收。检查和检验应包括下列主要内容：

 1 核查管桩的规格、型号、龄期、产品合格证中的相关内容；

 2 抽检管桩的尺寸偏差、外观质量；

 3 抽检管桩的端板连接部件；

 4 管桩堆放情况的检查。

8.2.2 管桩的规格、型号应按设计要求，对产品合格证、运货单及管桩标识进行逐项、逐条检查；施工工艺对龄期有要求时，应进行龄期核查。

8.2.3 管桩的尺寸偏差和外观质量应进行抽检，单位工程抽查数量不得少于管桩总桩节数量的 2%，并应符合现行国家标准《先张法预应力混凝土管桩》GB 13476 和本规程附录 E 的有关规定。抽检结果出现一根桩节不符合质量要求时，加倍检查后发现有不合格的管桩时，该批管桩不得使用。

8.2.4 管桩运输、吊装过程中应对破损和裂缝的状态进行检查。破损或裂缝的管桩严禁使用。

8.2.5 管桩应进行桩身混凝土强度随机抽检，并应符合下列规定：

 1 单位工程抽检桩节数不应少于 2 节，每种规格、型号不宜少于 1 根；

 2 检测方法应采用钻芯法或全截面抗压试验；

3 钻芯法检测及结果评价应符合国家标准《钻芯检测离心高强混凝土抗压强度试验方法》GB/T 19496 的有关规定，全截面抗压试验应符合本规程附录 P 的规定。

8.2.6 管桩预应力钢筋、螺旋筋、桩端板材料、桩尖等的配置及材质存在异议时，应进行抽检及化学成分检验，并应符合下列规定：

1 单位工程应随机选取桩节，抽检桩节数不应少于 2 节，每种规格、型号不宜少于 1 根；

2 采用人工剔除检查预应力钢筋的数量和直径、螺旋筋的直径和间距、螺旋筋加密区的长度，以及混凝土保护层厚度；

3 预应力钢筋规格可截取一段钢筋称重，保护层厚度、螺旋筋直径可用游标卡尺量测，螺旋筋间距和加密区长度可用钢尺量测；

4 检测结果应符合设计要求、国家标准《先张法预应力混凝土管桩》GB 13476 和本规程第 4 章的有关规定；

5 发现有不合格时，应经设计复核验算，不满足性能要求时该批桩不得使用，已施工的管桩应采取处理措施。

8.2.7 焊接接头应进行端板抽检，抽检数量不得少于桩节数量的 2%。桩端板的厚度和电焊坡口尺寸，检测结果应符合现行行业标准《先张法预应力混凝土管桩用端板》JC/T 947 和本规程第 4 章的有关规定；端板厚度或电焊坡口尺寸不合格的管桩应采取灌芯等补强措施。

8.2.8 机械连接接头应对桩端接头和连接部件进行抽检，抽检数量不得少于桩节数的 2%。检查结果应符合本规程第 4 章的有关要求；检查结果不符合要求时，该批桩不得使用。

8.2.9 现场叠堆的管桩应按照本规程第 7 章的有关要求检查堆放

的场地条件、垫木材质、尺寸及位置、堆放层数等。

8.2.10 桩尖应进行检查和抽检。除抽检桩尖的规格、构造和量测各尺寸，并随机抽取总数量 2%的桩尖进行质量检查；检测结果应符合按设计要求和本规程附录 H 的有关规定，单个桩尖质量不应低于理论质量的 90%，不合格者禁止使用。

8.2.11 设计等级为甲级和乙级的管桩基础，宜在尺寸偏差和外观质量检验合格的桩节中随机抽取 2 节进行抗裂性能检验。检验结果应符合现行国家标准《先张法预应力混凝土管桩》GB 13476 规定，发现有不符合桩节时，应从同批成品桩节中加倍抽取数量进行复验，复验结果有不合格时，判定该批桩抗裂性能不合格。

8.2.12 桩位测放应进行复测。桩位的放样允许偏差，群桩小于 20 mm，单排桩小于 10 mm。

8.2.13 施工机具应进行下列检查，检查结果应满足本规程第 7 章的有关要求。

    1 现场配备的机具与施工要求的符合性；

    2 送桩器的构造和尺寸以及其端部所设置的衬垫厚度；

    3 配备打桩自动记录仪时，应检查自动记录仪正常运作状态。

8.3 施工过程检验

8.3.1 施工过程中检查和检测内容应符合下列规定：

    1 桩位的复测；

    2 桩身垂直度检测；

    3 桩身裂缝、接头施工质量、终止施工条件、基坑开挖和截桩头等检查；

4 施工记录的检查；

5 施工对周围环境影响的监测结果。

8.3.2 施工放线定位应进行复核。

8.3.3 桩身垂直度检查应符合下列规定：

1 第一节桩定位时的垂直度，偏差不大于 0.5%时；

2 施工过程中及时抽检桩身垂直度；

3 送桩前应对桩身垂直度进行量测；

4 先沉桩后开挖的工程，应在土方开挖后复测。

8.3.4 施工中应观察桩身裂缝情况。沉桩完成后可对每个桩孔内壁采用灯光照射或孔内摄像方法进行检查，出现裂缝应停止施工，分析原因并进行处理。

8.3.5 桩连接质量控制应符合下列规定：

1 焊接工艺应检查焊条质量和直径、焊接所用的时间、焊完后的停歇时间；

2 设计等级为甲级和乙级工程的焊缝应满足二级焊缝要求，并应对电焊接头总量 10%的焊缝进行探伤检测；对设计等级为丙级工程，检查清除焊渣后的焊缝饱满程度，焊缝应连续饱满；

3 机械连接应检查接头零部件的数量、尺寸、连接销的方位、接头啮合后的状况；

4 桩尖与管桩的连接要求按接桩标准进行检查。

8.3.6 施工过程中发生异常情况应立即停止施工并分析原因，采取措施满足设计要求后，方可继续施工。

8.3.7 终止施工条件检查应符合下列规定：

1 锤击法沉桩应根据收锤标准检查桩的入土深度、总锤击数和最后 1 m 锤击数，最后三阵锤的每一阵贯入度；

2 静压法沉桩应根据终压控制标准进行检查；

3 植入法或中掘法沉桩应按施工控制标准进行检查。

8.3.8 施工记录的检查应符合下列规定：

1 配置自动记录仪应对所记录的各项数据进行逻辑分析判断；

2 人工记录应检查作业班组专人记录情况，施工记录内容应齐全、真实、清楚；

3 每个环节、工序完成后，施工记录应经监理人员签名确认，并作为有效的施工记录保存。

8.3.9 施工过程周围环境监测应符合下列规定：

1 根据施工组织方案检查桩的施工顺序；

2 施工振动或挤土时，应对保护对象的变形和裂缝进行监测；

3 对挤土效应明显或大面积群桩的工程，应抽取不少于总桩数的 20%且不得少于 10 根监测其施工桩的上浮量及桩顶偏位值。

8.3.10 管桩顶口及送桩遗留孔洞的封盖情况应进行检查。

8.3.11 基坑开挖应检查所采取的减少对工程桩垂直度和桩身质量影响措施的有效性。

8.3.12 锤击沉桩过程中出现贯入度突变时，应按现行行业标准《建筑基桩检测技术规范》JGJ 106 规定的方法对未出现贯入度突变的基桩进行对比检测或监测，查明贯入度突变的原因。

8.3.13 长桩、穿越深厚软弱土层桩应按现行行业标准《建筑基桩检测技术规范》JGJ 106 规定的方法进行沉桩过程监控。

8.4 施工后检验

8.4.1 管桩施工结束后,应对桩顶完整状况进行检查,并按表8.4.1判定完整性等级。

表 8.4.1 桩顶完整性等级

等　级	桩顶完整状况
基本完好	端头板牢固,桩端表面混凝土有轻微脱落现象
轻度损伤	端头板牢固,桩端表面混凝土脱落明显
中度损伤	端头板松动,或桩顶混凝土局部破损
严重损伤	桩顶混凝土严重破损,主筋发生弯曲变形

8.4.2 管桩施工完成后,对截桩后的桩顶标高、桩身垂直度、桩位偏差、桩身结构完整性和单桩承载力进行检测,并应符合《建筑地基基础工程施工质量验收规范》GB 50202 相关规定及设计要求。

8.4.3 管桩基础承台施工前,应对桩身垂直度进行逐根检查。桩身垂直度允许偏差不大于 1%,桩纵向中心线与铅垂线间有一定夹角的斜桩倾斜度的偏差不得大于倾斜角正切值的15%。

8.4.4 桩顶标高可用水准仪量测,抽检数量不少于总桩数的20%,允许偏差为 ± 50 mm。

8.4.5 桩位可采用经纬仪进行全数量测,桩位偏差必须符合表8.4.5 的规定。

表 8.4.5 管桩桩位的允许偏差

项 目		允许偏差（mm）
带有基础梁的桩	垂直基础梁的中心线	100+0.01H
	沿基础梁的中心线	150+0.01H
桩数为 1～3 根桩基中的桩		100
桩数为 4～16 根桩基中的桩		1/2 桩径或边长
桩数大于 16 根桩基中的桩	最外边的桩	1/3 桩径或边长
	中间桩	1/2 桩径或边长

注：H 为施工现场地面标高与桩顶设计标高的距离。

8.4.6 桩身结构完整性可采用低应变法进行检测，抽检数量应符合下列规定：

1 每一承台抽检桩数不得少于 1 根；

2 设计等级为甲级的工程，抽检数量不应少于总桩数的 30%，且不得少于 20 根；

3 设计等级为乙级及以下的工程，抽检数量不应少于总桩数的 20%，且不得少于 10 根。

8.4.7 桩顶完整性判定为中度损害时，桩身结构完整检测数量除满足本规程第 8.4.6 条规定抽检数量外，尚应增加不少于损害总桩数 30%的桩数进行抽检。

8.4.8 单桩竖向抗压承载力检测应符合下列规定：

1 静载荷试验应采用慢速维持荷载法，加载量不应小于设计要求的单桩承载力特征值的 2.0 倍，或加载至极限荷载；

2 高应变法测试，整体铸造自由落锤的质量应不小于预估单桩极限承载力的 1.5%，锤击次数不少于 5 击，供分析计算的锤击信号应获得不少于 3 击的力与速度时程曲线；

    3 设计等级为甲级的工程同一条件抽检数量应符合下列规定：

    1）卵石土为桩端持力层时，不少于总桩数的 1%且不少于 3 根进行静载试验；

    2）遇水软化岩石为桩端持力层时，不少于总桩数的 2%且不少于 5 根进行静载试验，或不少于总桩数的 1%且不少于 3 根静载试验后，再抽取不少于总桩数的 5%且不少于 10 根进行高应变法检测；

    4 设计等级为乙级的工程同一条件抽检数量应符合下列规定：

    1）卵石层为桩端持力层时，不少于总桩数的 1%且不少于 3 根进行静载试验；

    2）遇水软化岩石为桩端持力层时，不少于总桩数的 1.5%且不少于 5 根进行静载试验，或少于总桩数的 1%且不少于 3 根试验后，再抽取不少于总桩数的 5%且不少于 5 根进行高应变法检测；

    5 设计等级为丙级的工程，抽检数量不宜少于总桩数的 1%，且不得少于 3 根进行静载试验或不少于总桩数的 5%且不少于 5 根的高应变法检测。

8.4.9 管桩复合地基除应进行桩身结构完整性检测、单桩竖向抗压承载力试验外，尚应进行单桩复合地基载荷试验，并应符合下列规定：

    1 抽检数量，桩身结构完整性低应变试验不应少于桩总数的 10%且不少于 10 根，单桩竖向桩压承载力试验、单桩复合地基载荷试验均不应少于基桩总数的 1%且不少于 3 根和 3 点；

    2 当复合地基承载力静载试验因设备能力或安全因素不能完

成时，可采取分别检测单桩承载力和桩间土承载力后并计算复合地基承载力的方式进行核验。

8.4.10 对设计要求消除地基液化的管桩基础工程，应进行施工后桩间土的液化状态判别检验。

8.4.11 基坑支护管桩宜采用单桩水平静载试验进行水平承载力检测，试验数量不低于总桩数的 1%，且不少于 3 根。

8.4.12 符合本规程第 3.0.11 条规定的管桩基础工程，应在承台、筏板完成以后的施工期间及使用期间进行沉降变形观测直到沉降达到稳定标准或满足设计要求。

8.4.13 管桩基坑支护结构应对管桩的挠度进行监测，并应符合《建筑基坑工程监测技术规范》GB 50497 的相关规定。

8.4.14 检测验证应符合下列规定：

    1 桩身结构浅部缺陷可采用开挖验证，或采用高应变法验证；

    2 单桩竖向抗压承载力应采用单桩竖向抗压静载试验验证；

    3 当低应变测试发现有Ⅲ、Ⅳ类桩时，验证检验应符合下列规定：

    1）应按原抽检数量的 1 倍进行扩大检测，扩大抽检后仍存在Ⅲ、Ⅳ类桩时，应对其余桩全数进行低应变法测试；

    2）抽检不少于 3 根Ⅲ桩进行单桩静载试验验证。

    4 当检测结果不满足设计要求时，应分析原因并扩大抽检数量，抽检数量应会同设计、监理和建设等单位商定，且不少于原测试数量。

8.5 验 收

8.5.1 管桩基础工程验收程序应符合下列规定：

1 桩顶现场标高与设计标高基本一致时，应在全部管桩沉桩完毕后一次性进行验收；

2 桩顶场地标高与设计标高不一致时，应在开挖到设计标高或截桩后分批进行验收。

8.5.2 管桩基础工程检查和验收提供资料应符合下列规定：

1 勘察报告、施工图、图纸会审纪要和设计变更单等；

2 经审定的施工组织设计或专项施工方案及现场核定文件；

3 原材料的质量合格证明文件和管桩的合格证；

4 桩位测量放线图及桩位线复核签证单；

5 沉桩施工记录；

6 检查记录和检测报告；

7 其他必须提供的文件和记录。

8.5.3 管桩基础工程验收应按《建筑地基基础工程施工质量验收规范》GB 50202 的要求，并按本规程附录 Q 完成管桩基础工程检验批质量验收记录。

附录 A 工程常用管桩规格

表 A.1 圆形管桩规格

外径 d（mm）	型号	壁厚（mm）	单节桩长 l_0（m）
300	A、AB、B、C	70	≤11
400、450	A、AB	95	≤12
	B、C		≤13
500	A	100、125	≤14
	AB、B、C		≤15
600	A、AB、B、C	110、130	≤15
700	A、AB、B、C	110、130	≤15
800	A、AB、B、C	110、130	≤16
1000	A、AB、B、C	130	≤16
1200	A、AB、B、C	150	≤16

表 A.2 空心方桩规格

边长 B（mm）	型号	内径 D（mm）	单节桩长 l_0（m）
300	A、AB	160	≤12
350	A、AB	190	≤12
400	A、AB	250	≤14
450	A、AB、B	250	≤15
500	A、AB、B	300	≤15
600	A、AB、B	400	≤15
600	A、AB、B	360	≤15

表 A.3-1 Ⅰ型混合配筋管桩规格

管桩编号	外径 D （mm）	壁厚 t （mm）	单节桩长（m）	混凝土强度等级	预应力筋中心圆直径 D_p （mm）	型号
PRC-Ⅰ400B95	400	95	≤15	C80	308	B
PRC-Ⅰ400D95		95	≤15	C80		D
PRC-Ⅰ500AB100	500	100	≤15	C80	406	AB
PRC-Ⅰ500B100		100	≤15	C80		B
PRC-Ⅰ500C100		100	≤15	C80		C
PRC-Ⅰ500D100		100	≤15	C80		D
PRC-Ⅰ600AB110	600	110	≤15	C80	506	AB
PRC-Ⅰ600B110		110	≤15	C80		B
PRC-Ⅰ600C110		110	≤15	C80		C
PRC-Ⅰ600D110		110	≤15	C80		D
PRC-Ⅰ700AB110	700	110	≤15	C80	590	AB
PRC-Ⅰ700B110		110	≤15	C80		B
PRC-Ⅰ700C110		110	≤15	C80		C
PRC-Ⅰ700D110		110	≤15	C80		D
PRC-Ⅰ800B110	800	110	≤15	C80	690	B
PRC-Ⅰ800D110		110	≤15	C80		C

表 A.3-2 Ⅱ型混合配筋管桩规格

管桩编号	外径 D（mm）	壁厚 t（mm）	单节桩长（m）	混凝土强度等级	预应力筋中心圆直径 D_p（mm）	型号
PRC-Ⅱ400B95	400	95	≤15	C80	308	B
PRC-Ⅱ400D95		95	≤15	C80		D
PRC-Ⅱ500AB100	500	100	≤15	C80	406	AB
PRC-Ⅱ500B100		100	≤15	C80		B
PRC-Ⅱ500C100		100	≤15	C80		C
PRC-Ⅱ500D100		100	≤15	C80		D
PRC-Ⅱ600AB110	600	110	≤15	C80	506	AB
PRC-Ⅱ600B110		110	≤15	C80		B
PRC-Ⅱ600C110		110	≤15	C80		C
PRC-Ⅱ600D110		110	≤15	C80		D
PRC-Ⅱ700AB110	700	110	≤15	C80	590	AB
PRC-Ⅱ700B110		110	≤15	C80		B
PRC-Ⅱ700C110		110	≤15	C80		C
PRC-Ⅱ700D110		110	≤15	C80		D
PRC-Ⅱ800B110	800	110	≤15	C80	690	B
PRC-Ⅱ800D110		110	≤15	C80		C

附录 B　工程常用管桩有效预应力值

表 B.1　圆形管桩有效预应力值

型号	有效预应力（N/mm²）	有效预应力×误差（%）
A	4.0	
AB	6.0	
B	8.0	5
C	10.0	

表 B.2　空心方桩有效预应力值

型号	有效预应力（N/mm²）	有效预应力×误差（%）
A	$3.0 \leqslant \sigma_{ce} \leqslant 4.5$	
AB	$4.5 \leqslant \sigma_{ce} \leqslant 6.0$	5
B	$6.0 \leqslant \sigma_{ce} \leqslant 8.0$	

表 B.3–1　Ⅰ型混合配筋管桩有效预应力值

管桩编号	混凝土有效预压应力 σ_{pc}（MPa）
PRC-Ⅰ400B95	9.06
PRC-Ⅰ400D95	12.3
PRC-Ⅰ500AB100	7.79
PRC-Ⅰ500B100	8.89

PRC-Ⅰ500C100	10.62
PRC-Ⅰ500D100	12.1
PRC-Ⅰ600AB110	7.71
PRC-Ⅰ600B110	8.54
PRC-Ⅰ600C110	10.53
PRC-Ⅰ600D110	11.63
PRC-Ⅰ700AB110	7.27
PRC-Ⅰ700B110	8.65
PRC-Ⅰ700C110	10.87
PRC-Ⅰ700D110	11.78
PRC-Ⅰ800B110	8.15
PRC-Ⅰ800D110	11.11

表 B.3-2　Ⅱ型混合配筋管桩有效预应力值

管桩编号	混凝土有效预压应力 σ_{pc}（MPa）
PRC-Ⅱ400B95	9.32
PRC-Ⅱ400D95	12.63
PRC-Ⅱ500AB100	8.03
PRC-Ⅱ500B100	9.29
PRC-Ⅱ500C100	10.93
PRC-Ⅱ500D100	12.59

PRC-II 600AB110	8.08
PRC-II 600B110	8.92
PRC-II 600C110	10.98
PRC-II 600D110	12.11
PRC-II 700AB110	7.56
PRC-II 700B110	9.14
PRC-II 700C110	11.35
PRC-II 700D110	12.39
PRC-II 800B110	8.62
PRC-II 800D110	11.7

附录 C 工程常用管桩预应力钢棒配置

表 C.1 圆形管桩预应力钢棒配置

外径 d（mm）	壁厚（mm）	型号	螺旋筋规格（mm）	预应力钢棒配筋	钢棒分布圆周直径 d_p（mm）	最小配筋面积（mm²）
300	70	A	$\phi^b 4$	6Φ7.1	230	240
		AB		6Φ9.0		384
		B		8Φ9.0		512
		C		8Φ10.7		720
400	95	A	$\phi^b 4$	10Φ7.1/7Φ9.0	308	400/448
		AB		10Φ9.0/7Φ10.7		640/630
		B		10Φ10.7		900
		C		13Φ10.7		1170
500	100	A	$\phi^b 5$	11Φ9	406	704
		AB		11Φ10.7		990
		B		11Φ12.6		1375
		C		13Φ12.6		1625
500	125	A		12Φ9		768
		AB		12Φ10.7		1080
		B		12Φ12.6		1500
		C		15Φ12.6		1875

600	110	A	$\phi^b 5$	14Φ9.0	506	896
		AB		14Φ10.7		1260
		B		14Φ12.6		1750
		C		17Φ12.6		2125
600	130	A	$\phi^b 5$	16Φ9.0	506	1024
		AB		16Φ10.7		1440
		B		16Φ12.6		2000
		C		20Φ12.6		2500
700	110	A	$\phi^b 6$	12Φ10.7	590	1080
		AB		24Φ9.0		1536
		B		24Φ10.7		2160
		C		24Φ12.6		3000
700	130	A	$\phi^b 6$	13Φ10.7	590	1170
		AB		26Φ9.0		1664
		B		26Φ10.7		2340
		C		26Φ12.6		3250
800	110	A	$\phi^b 6$	15Φ10.7	690	1350
		AB		15Φ12.6		1875
		B		30Φ10.7		2700
		C		30Φ12.6		3750

800	130	A	ϕ^b6	16ϕ10.7	690	1440
		AB		16ϕ12.6		2000
		B		32ϕ10.7		2880
		C		32ϕ12.6		4000
1000	130	A	ϕ^b6	32ϕ9.0	880	2048
		AB		32ϕ10.7		2880
		B		32ϕ12.6		4000
		C	ϕ^b8	32ϕ14.0		4925
1200	150	A	ϕ^b6	30ϕ10.7	1060	2700
		AB		30ϕ12.6		3750
		B		45ϕ12.6		5625
		C	ϕ^b8	45ϕ14.0		6925

注：1 表中预应力钢棒的直径均为公称直径；

2 当管桩可采用不同于表中规定的预应力钢棒直径进行等量代换，代换后的钢棒公称总截面面积不得小于表中的最小配筋面积。

表 C.2 空心方桩预应力钢棒配置

边长 B （mm）	内径 D （mm）	型号	螺旋筋规格（mm）	预应力钢棒配筋	钢棒四边分布		最小配筋面积（mm²）
					四角位置（mm）	其他位置（mm）	
300	160	A	ϕ^b4	8ϕ7.1	206	230	320
		AB		8ϕ9.0			512

350	190	A	$\phi^b 4$	8ϕ9.0	256	280	512
		AB		8ϕ10.7			720
400	250	A	$\phi^b 4$	8ϕ9.0	306	330	512
		AB		8ϕ10.7			720
450	250	A	$\phi^b 5$	12ϕ9.0	350	374	768
		AB		12ϕ10.7			1080
		B		12ϕ12.6			1500
500	300	A	$\phi^b 5$	12ϕ9.0	400	424	768
		AB		12ϕ10.7			1080
		B		12ϕ12.6			1500
600	400	A	$\phi^b 5$	20ϕ9.0	500	524	1280
		AB		20ϕ10.7			1800
		B		20ϕ12.6			2500
600	360	A	$\phi^b 5$	20ϕ9.0	500	524	1280
		AB		20ϕ10.7			1800
		B		20ϕ12.6			2500

注：1　表中预应力钢棒的直径均为公称直径；

　　2　当空心方桩可采用不同于表中规定的预应力钢棒直径进行等量代换，代换后的钢棒公称总截面面积不得小于表中的最小配筋面积。

表 C.3-1 Ⅰ型混合配筋管桩预应力钢棒配置

管桩编号	外径 D（mm）	壁厚 t（mm）	预应力筋中心圆直径 D_p（mm）	型号	预应力筋	螺旋箍筋	非预应力筋
PRC-Ⅰ400B95	400	95	308	B	10Φ10.7	ϕ^b4	10Φ10
PRC-Ⅰ400D95		95		D	10Φ12.6	ϕ^b4	10Φ10
PRC-Ⅰ500AB100	500	100	406	AB	12Φ10.7	ϕ^b5	12Φ12
PRC-Ⅰ500B100		100		B	14Φ10.7	ϕ^b5	14Φ12
PRC-Ⅰ500C100		100		C	12Φ12.6	ϕ^b5	12Φ12
PRC-Ⅰ500D100		100		D	14Φ12.6	ϕ^b5	14Φ12
PRC-Ⅰ600AB110	600	110	506	AB	16Φ10.7	ϕ^b5	16Φ12
PRC-Ⅰ600B110		110		B	18φ10.7	ϕ^b5	18Φ12
PRC-Ⅰ600C110		110		C	16Φ12.6	ϕ^b5	16Φ12
PRC-Ⅰ600D110		110		D	18Φ12.6	ϕ^b5	18Φ12
PRC-Ⅰ700AB110	700	110	590	AB	18Φ10.7	ϕ^b6	18Φ12
PRC-Ⅰ700B110		110		B	22Φ10.7	ϕ^b6	22Φ12
PRC-Ⅰ700C110		110		C	20Φ12.6	ϕ^b6	20Φ12
PRC-Ⅰ700D110		110		D	22Φ12.6	ϕ^b6	22Φ12
PRC-Ⅰ800B110	800	110	690	B	24Φ10.7	ϕ^b6	24Φ12
PRC-Ⅰ800D110		110		C	24Φ12.6	ϕ^b6	24Φ12

表 C.3-2　Ⅱ型混合配筋管桩预应力钢棒配置

管桩编号	外径 D （mm）	壁厚 t （mm）	预应力筋中心圆直径 D_p （mm）	型号	预应力筋	螺旋箍筋	非预应力筋
PRC-Ⅱ400B95	400	95	308	B	10Φ10.7	ϕ^b4	6Φ10
PRC-Ⅱ400D95		95		D	10Φ12.6	ϕ^b4	6Φ10
PRC-Ⅱ500AB100	500	100	406	AB	12Φ10.7	ϕ^b5	8Φ12
PRC-Ⅱ500B100		100		B	14Φ10.7	ϕ^b5	8Φ12
PRC-Ⅱ500C100		100		C	12Φ12.6	ϕ^b5	8Φ12
PRC-Ⅱ500D100		100		D	14Φ12.6	ϕ^b5	8Φ12
PRC-Ⅱ600AB110	600	110	506	AB	16Φ10.7	ϕ^b5	8Φ12
PRC-Ⅱ600B110		110		B	18Φ10.7	ϕ^b5	10Φ12
PRC-Ⅱ600C110		110		C	16Φ12.6	ϕ^b5	8Φ12
PRC-Ⅱ600D110		110		D	18Φ12.6	ϕ^b5	10Φ12
PRC-Ⅱ700AB110	700	110	590	AB	18Φ10.7	ϕ^b6	10Φ12
PRC-Ⅱ700B110		110		B	22Φ10.7	ϕ^b6	10Φ12
PRC-Ⅱ700C110		110		C	20Φ12.6	ϕ^b6	10Φ12
PRC-Ⅱ700D110		110		D	22Φ12.6	ϕ^b6	10Φ12
PRC-Ⅱ800B110	800	110	690	B	24Φ10.7	ϕ^b6	10Φ12
PRC-Ⅱ800D110		110		C	24Φ12.6	ϕ^b6	10Φ12

附录 D 工程常用管桩桩套箍与端头板

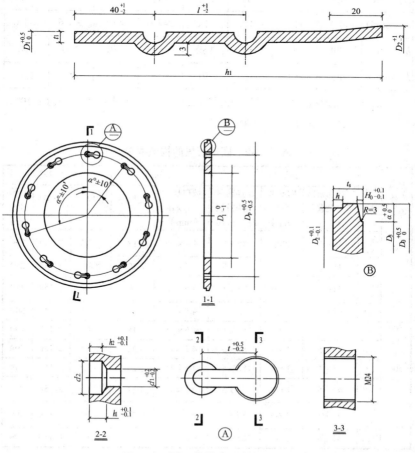

图 D.1 圆形管桩套箍与端头板

表 D.1-1　圆形管桩套箍与端头板

外径（mm）	300	400	500	600	700	800	1000	1200
D_1（mm）	299	399	499	599	699	799	999	1199
D_2（mm）	303	403	503	603	703	803	1003	1203
t_1（mm）	>1.5	>1.5	>1.5	>1.6	≥1.6	≥1.6	≥1.6	≥1.6
h_1（mm）	120	150	150	150	250	250	300	300
I（mm）	40	50	50	50	150	150	150	150

注：1　主筋锚孔应均匀分布，α 公差为 ±10°，且其累积公差不得大于 ±10°；

2　板材料采用 Q235B 钢。

表 D.1-2　圆形管桩的构造要求

直径（壁厚）	型号	螺旋筋			端板		桩头套箍		
		桩端加密区间距及误差（mm）	加密区长度（mm）	非加密区间距及误差（mm）	坡口尺寸 $H_0 \times a$（mm）	端板厚度（mm）	板厚 t_1（mm）	套箍高 h_1（mm）	套箍外径（mm）
300（70）	A、AB	45 ± 5	2000	85 ± 5	4.4 × 10	18	> 1.5	≥120	299
	B、C	45 ± 5	2000	85 ± 5	4.4 × 10	20	> 1.5	≥120	299
400（95）	A、AB	45 ± 5	2000	85 ± 5	4.5 × 11	18/20	> 1.5	≥150	399
	B、C	45 ± 5	2000	85 ± 5	4.5 × 11	20	> 1.5	≥150	399
500（100）	A	45 ± 5	2000	85 ± 5	4.5 × 11	18	> 1.5	≥150	499
	AB	45 ± 5	2000	85 ± 5	4.5 × 11	20	> 1.5	≥150	499
500（125）	B	45 ± 5	2000	85 ± 5	4.5 × 11	24	> 1.5	≥150	499
	C	45 ± 5	2000	85 ± 5	4.5 × 11	24	> 1.5	≥150	499
600	A、AB	45 ± 5	2000	85 ± 5	4.5 × 12	20	> 1.6	≥150	599
	B、C	45 ± 5	2000	85 ± 5	6.5 × 17	24	> 1.6	≥150	599

700	A	45±5	2000	85±5	6.5×16	20	>1.6	≥250	699
	AB、B	45±5	2000	85±5	6.5×17	24	>1.6	≥250	699
	C	45±5	2000	85±5	6.5×17	24	>1.6	≥250	699
800	A、AB	45±5	2000	85±5	6.5×16	20	>1.6	≥250	799
	B、C	45±5	2000	85±5	6.5×17	24	>1.6	≥250	799
1000	A、AB	45±5	2000	85±5	6.5×17	28	>1.6	≥300	999
	B、C	45±5	2000	85±5	6.5×17	28	>1.6	≥300	999
1200	A、AB	45±5	2000	85±5	6.5×17	30	>1.6	≥300	1199
	B、C	45±5	2000	85±5	6.5×17	30	>1.6	≥300	1199

表 D.1-3　圆形管桩端板最小厚度 t_s

钢棒直径（mm）	7.1	9.0	10.7	12.6
端板最小厚度 t_s（mm）	16	18	20	24

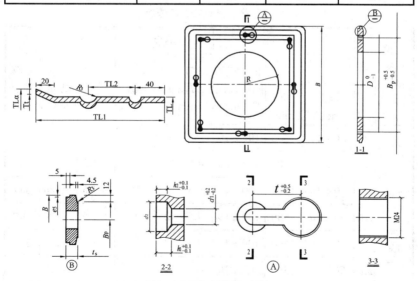

图 D.2　空心方桩套箍与端头板

表 D.2-1　空心方桩套箍参数表

边长（mm）		300	350	400	450	500	600
桩套箍	TL（mm）	297	347	397	447	497	597
	TL_a（mm）	303	353	403	453	503	603
	T_t（mm）	1.2	1.5	1.5	1.5	1.5	1.6
	TL_1（mm）	120	120	150	150	150	150
	TL_2（mm）	40	40	50	50	50	50

注：1　两端板孔之间距离偏差不得大于 0.5 mm；

　　2　端板孔位置根据预应力钢筋位置定位；

　　3　桩套箍为钢板卷压成外形，接缝处采用焊接；

　　4　端板及套箍材料均采用 Q235B 钢。

表 D.2-2　空心方桩构造要求

边长（内径）（mm）	型号	螺旋筋			端板		桩头套箍		
		桩端加密区间距及误差（mm）	加密区长度（mm）	非加密区间距及误差（mm）	坡口尺寸 $H_0 \times a$（mm）	端板厚度（mm）	板厚 t_1（mm）	套箍高 h_1（mm）	套箍外径（mm）
300（160）	A	50±10	1500	100±10	4.5×12	16	>1.2	≥120	297
	AB	50±10	1500	100±10	4.5×12	18	>1.2	≥120	297
350（190）	A	50±10	1500	100±10	4.5×12	18	>1.5	≥120	347
	AB	50±10	1500	100±10	4.5×12	20	>1.5	≥120	347
400（250）	A	50±10	1500	100±10	4.5×12	18	>1.5	≥150	397
	AB	50±10	1500	100±10	4.5×12	20	>1.5	≥150	397

边长（内径）（mm）	型号	螺旋筋			端板		桩头套箍		
		桩端加密区间距及误差（mm）	加密区长度（mm）	非加密区间距及误差（mm）	坡口尺寸 $H_0 \times a$（mm）	端板厚度（mm）	板厚 t_1（mm）	套箍高 h_1（mm）	套箍外径（mm）
450（250）	A	50±10	1500	100±10	4.5×12	18	>1.5	≥150	447
	AB	50±10	1500	100±10	4.5×12	20	>1.5	≥150	447
	B	50±10	1500	100±10	4.5×12	24	>1.5	≥150	447
500（300）	A	50±10	2000	100±10	4.5×12	18	>1.5	≥150	497
	AB	50±10	2000	100±10	4.5×12	20	>1.5	≥150	497
	B	50±10	2000	100±10	4.5×12	24	>1.5	≥150	497
600（400）	A	50±10	2000	100±10	4.5×12	18	>1.6	≥150	597
	AB	50±10	2000	100±10	4.5×12	20	>1.6	≥150	597
	B	50±10	2000	100±10	4.5×12	24	>1.6	≥150	597
600（360）	A	50±10	2000	100±10	4.5×12	18	>1.6	≥150	597
	AB	50±10	2000	100±10	4.5×12	20	>1.6	≥150	597
	B	50±10	2000	100±10	4.5×12	24	>1.6	≥150	597

表 D.2-3　空心方桩端板最小厚度 t_s

钢棒直径（mm）	7.1	9.0	10.7	12.6
端板最小厚度 t_s（mm）	16	18	20	24

附录 E 管桩尺寸允许偏差及外观质量

表 E.1-1 圆形管桩的尺寸允许偏差

项 目		允许偏差	检验工具和检查方法	测量工具分度值
长度 l_0		$\pm 0.5\% \, l_0$	用钢卷尺测量，精确至 1 mm	1 mm
端部倾斜		$\leq 0.5\% \, d$	将直角靠尺的一边紧靠桩身，另一边与端板靠紧，测其最大间隙处，精确至 1 mm，两端各测两点	0.5 mm
外径 d		+ 5、-2	用卡尺或钢直尺在同一断面测定相互垂直的两直径，取其平均值，精确至 1 mm，两端各测两点	1 mm
壁厚 t		+ 15 0	用钢直尺在同一断面相互垂直的两直径上测定四处壁厚，取其平均值，精确至 1 mm，两端各测两点	0.5 mm
保护层厚度		+ 5 0	用卡尺在管桩同一断面测量四处，取平均值，精确至 0.1 mm	0.05 mm
桩身弯曲度		$\leq l/1000$	将拉线紧靠桩的两端部，用钢直尺测其弯曲处的最大距离，精确至 1 mm	0.5 mm
桩端板	端侧面平面度	0.5	将钢直尺立起横放在端板上，然后慢慢旋转360°，用塞尺测量最大间隙，精确至 1 mm	0.02 mm
	外径	0、-1	用钢卷尺在两个相互垂直的方向上进行测量，取其平均值，精确至 1 mm	1 mm
	内径	0、-2		
	厚度	正偏差不限，不得出现负偏差	用游标卡尺在相互垂直的两直径处量测端板厚度，取其平均值，精确至 0.5 mm	0.5 mm

注：表内尺寸以设计图纸为基准。

表 E.1-2　圆形管桩的外观质量

序号	项　目		产品质量等级
1	黏皮和麻面		局部黏皮和麻面累计面积不大于总外表面的 0.5%，深度不大于 5 mm，且应修补
2	桩身合缝漏浆		漏浆的深度不大于 5 mm，每处漏浆长度不大于 300 mm，累计长度不大于桩长的 10%，或对称漏浆的搭接长度不大于 100 mm，且应修补
3	局部磕碰		磕碰深度不大于 5 mm，每处面积不大于 50 cm^2，且应修补
4	表面裂缝		不得出现环向和纵向裂缝，但龟裂、水纹和内壁浮浆层中的收缩裂纹不在此限
5	内外表面露筋		不允许
6	桩端面平整度		管桩端面混凝土和预应力钢筋墩头不得高出端板平面
7	断筋、脱头		不允许
8	桩套箍凹陷		凹陷深度不大于 10 mm
9	内表面混凝土坍落		不允许
10	接头和桩套箍与混凝土结合面	漏浆	漏浆深度不大于 5 mm，漏浆长度不大于周长的 1/6，且应修补
		空洞和蜂窝	不允许

注：设计等级为甲级及腐蚀环境下的管桩，外观质量均不允许有合缝漏浆。

表 E.2-1 空心方桩尺寸允许偏差

项 目		允许偏差	检验工具和检查方法	测量工具分度值
长度 l_0		± 0.5% l_0	用钢卷尺测量，精确至 1 mm	1 mm
端部倾斜		≤0.5%D	将直角靠尺的一边紧靠桩身，另一边与端板靠紧，测其最大间隙处，精确至 1 mm	0.5 mm
边长 D		+ 4、 − 2	用卡尺或钢直尺在同一断面测定相互垂直的两直径，取其平均值，精确至 1 mm	1 mm
壁厚 t		+ 20 0	用钢直尺在同一断面相互垂直的两直径上测定四处壁厚，取其平均值，精确至 1 mm，两端各测两点	0.5 mm
保护层厚度		+ 5 0	用卡尺在管桩同一断面测量四处，取平均值，精确至 0.1 mm	0.05 mm
桩身弯曲度		≤l/1000	将拉线紧靠桩的两端部，用钢直尺测其弯曲处的最大距离，精确至 1 mm	0.5 mm
桩端板	端侧面平面度	0.2	将钢直尺立起横放在端板上，然后慢慢旋转 360°，用塞尺测量最大间隙，精确至 1 mm	0.02 mm
	边长	0、 − 1	用钢卷尺在两个相互垂直的方向上进行测量，取其平均值，精确至 1 mm	1 mm
	内径	0、 − 2		
	厚度	正偏差不限，不得出现负偏差	用游标卡尺在相互垂直的两直径处量测端板厚度，取平均值，精确至 0.5 mm	0.5 mm

注：表内尺寸以设计图纸为基准。

表 E.2-2　空心方桩外观质量要求

序号	项　目		产品质量等级
1	黏皮和麻面		局部黏皮和麻面累计面积不大于总外表面的 0.5%，深度不大于 10 mm，且应修补
2	桩身合缝漏浆		漏浆的深度不大于 10 mm，每处漏浆长度不大于 300 mm，累计长度不大于桩长的10%，或对称漏浆的搭接长度不大于 100 mm，且应修补
3	局部磕碰		磕碰深度不大于 10 mm，每处面积不大于 50 cm² ，且应修补
4	表面裂缝		不得出现环向和纵向裂缝，但龟裂、水纹和内壁浮浆层中的收缩裂纹不在此限
5	内外表面露筋		不允许
6	桩端面平整度		桩端面混凝土和预应力钢筋墩头不得高出端板平面
7	断筋、脱头		不允许
8	桩套箍凹陷		凹陷深度不大于 10 mm
9	内表面混凝土坍落		不允许
10	接头和桩套箍与混凝土结合面	漏浆	漏浆深度不大于 10 mm，漏浆长度不大于周长的 1/4，且应修补
		空洞和蜂窝	不允许

注：设计等级为甲级及腐蚀环境下的方桩，外观质量均不允许合缝漏浆。

附录 F 工程常用管桩力学性能

表 F.1 圆形桩抗裂弯矩及极限弯矩

外径×壁厚（mm²）	型号	抗裂弯矩（kN·m）	极限弯矩（kN·m）
300×70	A	25	37
	AB	30	50
	B	34	62
	C	39	79
400×95	A	54	81
	AB	64	106
	B	74	132
	C	88	176
500×100	A	103	155
	AB	125	210
	B	147	265
	C	167	334
500×125	A	111	167
	AB	136	226
	B	160	285
	C	180	360
600×110	A	167	250
	AB	206	346
	B	245	441
	C	285	585
600×130	A	180	270
	AB	223	374
	B	265	477
	C	307	615

外径×壁厚（mm²）	型号	抗裂弯矩（kN·m）	极限弯矩（kN·m）
700×110	A	265	397
	AB	319	534
	B	373	671
	C	441	883
700×130	A	275	413
	AB	332	556
	B	388	698
	C	459	918
800×110	A	392	589
	AB	471	771
	B	540	971
	C	638	1275
800×130	A	408	612
	AB	484	811
	B	560	1010
	C	663	1326
1000×130	A	736	1104
	AB	883	1457
	B	1030	1854
	C	1177	2354
1200×150	A	1177	1766
	AB	1412	2330
	B	1668	3002
	C	1962	3924

表 F.2　空心方桩抗裂弯矩及极限弯矩

边长 B（mm）	内径 D（mm）	型号	抗裂弯矩（kN·m）	极限弯矩（kN·m）
300	160	A	34	37
		AB	43	59
350	190	A	58	69
		AB	69	97
400	250	A	77	83
		AB	91	117
450	250	A	119	140
		AB	141	197
		B	171	273
500	300	A	148	159
		AB	175	224
		B	209	311
600	400	A	275	332
		AB	329	466
		B	401	629
600 × 110	360	A	274	332
		AB	327	466
		B	396	629

表 F.3-1 Ⅰ型混合配筋管桩力学性能表

管桩编号	抗裂弯矩标准值 M_{cr} （kN·m）	极限弯矩标准值 M_{uk} （kN·m）	抗弯承载力设计值 M （kN·m）	抗剪承载力设计值 V_u （kN）	抗裂剪力 Q （kN）	管桩桩身竖向承载力设计值 R_p （kN）	理论重量 （kg/m）
PRC-Ⅰ400B95	92	194	151	180	216	2700	242
PRC-Ⅰ400D95	113	226	185	194	228		
PRC-Ⅰ500AB100	157	337	268	251	289	3800	336
PRC-Ⅰ500B100	170	378	300	258	295		
PRC-Ⅰ500C100	190	397	332	267	305		
PRC-Ⅰ500D100	208	434	361	276	313		
PRC-Ⅰ600AB110	260	554	436	333	389	5100	457
PRC-Ⅰ600B110	276	606	480	339	295		
PRC-Ⅰ600C110	314	659	529	355	410		
PRC-Ⅰ600D110	337	702	579	363	419		
PRC-Ⅰ700AB110	368	753	597	417	464	6200	543
PRC-Ⅰ700B110	406	881	696	429	477		
PRC-Ⅰ700C110	472	969	780	450	497		
PRC-Ⅰ700D110	499	1020	838	458	506		
PRC-Ⅰ800B110	547	1145	899	495	552	7200	630
PRC-Ⅰ800D110	664	1344	1088	527	584		

表 F.3-2　Ⅱ型混合配筋管桩力学性能表

管桩编号	抗裂弯矩标准值 M_{cr} （kN·m）	极限弯矩标准值 M_{uk} （kN·m）	抗弯承载力设计值 M （kN·m）	抗剪承载力设计值 V_u （kN）	抗裂剪力 Q （kN）	管桩桩身竖向承载力设计值 R_p （kN）	理论重量 （kg/m）
PRC-Ⅱ400B95	93	182	139	182	216	2700	242
PRC-Ⅱ400D95	114	216	174	195	229		
PRC-Ⅱ500AB100	158	314	247	252	290	3800	333
PRC-Ⅱ500B100	173	344	267	260	298		
PRC-Ⅱ500C100	192	379	299	269	307		
PRC-Ⅱ500D100	211	404	330	278	316		
PRC-Ⅱ600AB110	262	493	392	336	392	5100	447
PRC-Ⅱ600B110	283	553	429	343	398		
PRC-Ⅱ600C110	319	601	489	358	414		
PRC-Ⅱ600D110	342	652	527	367	422		
PRC-Ⅱ700AB110	372	683	538	419	467	6200	547
PRC-Ⅱ700B110	417	782	599	434	481		
PRC-Ⅱ700C110	479	892	702	454	502		
PRC-Ⅱ700D110	509	932	747	464	511		
PRC-Ⅱ800B110	556	1005	777	500	557	7200	619
PRC-Ⅱ800D110	677	1216	961	533	590		

附录 G 桩极限侧阻力、端阻力标准值

表 G.1 桩极限侧阻力标准值 q_{sik}

土的名称	土的状态	预应力混凝土管桩极限端阻力标准值 q_{sik}（kPa）
黏性土	$I_L>1$	21 ~ 36
	$0.75<I_L\leqslant1$	36 ~ 50
	$0.50<I_L\leqslant0.75$	50 ~ 66
	$0.25<I_L\leqslant0.50$	66 ~ 82
	$0<I_L\leqslant0.25$	82 ~ 91
	$I_L\leqslant0$	91 ~ 101
粉土	$e>0.9$	22 ~ 42
	$0.75\leqslant e\leqslant0.9$	42 ~ 64
	$e<0.75$	64 ~ 85
粉细砂	稍密	22 ~ 42
	中密	42 ~ 63
	密实	63 ~ 85
中砂	中密	54 ~ 74
	密实	74 ~ 95
粗砂	中密	74 ~ 95
	密实	95 ~ 116
砾砂	中密、密实	116 ~ 138
卵石	稍密	120 ~ 140
	中密	140 ~ 160
	密实	160 ~ 180

表 G.2　桩极限端阻力标准值 q_{pk}

土的名称	土的状态	预应力混凝土管桩极限端阻力标准值 q_{pk}（kPa）
黏性土	坚硬	2500 ~ 3800
卵石	中密	8000 ~ 10 000
	密实	10 000 ~ 12 700

附录 H 管桩桩尖构造

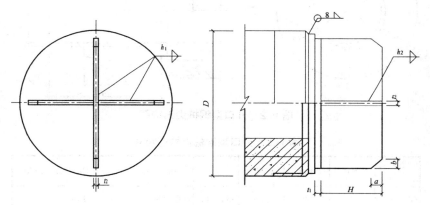

图 H.1 十字型钢桩尖结构图

表 H.1 十字型钢桩尖构造尺寸

管桩外径 D （mm）	300	400	500	600	700	800	1000	1200
D_1（mm）	270	370	470	570	660	760	960	1160
H（mm）	125~140	125~150	125~150	125~150	150~400	150~400	150~500	150~500
t_1（mm）	12 ≥10		12 ≥12		18 ≥18		20 ≥20	
t_2（mm）	18 ≥18		18 ≥18		22 ≥22		25 ≥25	
a（mm）	25	30	30 30 30 30		40 40		40 40	
b（mm）	25	30	30		40 40		40 40	
h_1（mm）	10		12		15		20	
h_2（mm）	10 10		10 12		15 15		20 20	

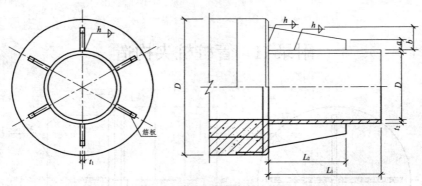

图 H.2 　开口型钢桩尖结构图

表 H.2 　开口型钢桩尖构造尺寸

管桩外径 D（mm）	300	400	500	600	700	800	1000	1200
$D_内$（mm）	180	240	300	380~400	460~580	560~580	740	900
L_1（mm）	150~200	300~400	300~500	300~500	350~600	300~500	300~500	550~800
L_2（mm）	200~300	400~500	400~600	400~600	400~800	400~600	400~600	600~1000
t_1（mm）	12~15	12~18	12~20	12~20	12~20	12~20	12~20	12~20
t_2（mm）	≥8	≥8	≥10	≥10	10~20	14~25	14~25	14~25
a（mm）	25~40 25~40		30~40 30			50	60	70
b（mm）	45	60	65			85	95	105
h（mm）	6~10 6~10		8~12			10~14		10~20
筋板数量	4		6				8	

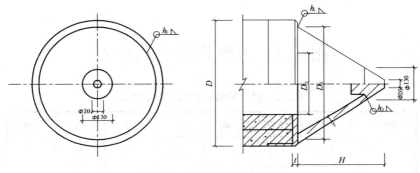

图 H.3 锥形钢桩尖结构图

表 H.3 锥形钢桩尖构造尺寸

管桩外径 D（mm）	300	400	500	500	600	600
壁厚	75	95	100	125	110	130
D_1（mm）	282	382	482	482	582	582
D_2（mm）	247	347	447	447	547	547
D_3（mm）	160	220	300	260	380	340
H（mm）	120～200	170～250	220～300	220～300	270～350	270～350
t_1（mm）	10～16	10～18	12～20	12～20	12～25	12～25
t_2（mm）	10～16	10～18	12～20	12～20	12～25	12～25
h_1（mm）	≥8	≥8	≥10	≥10	≥12	≥12
h_2（mm）	≥8	≥8	≥10	≥10	≥12	≥12

附录 J 打桩机锤重选择表

表 J.1 筒式柴油打桩机桩锤参考表

柴油锤型号	36	45	50	62	72	80	100
冲击体质量（t）	3.6T	4.6T	5.0T	6.2T	7.2T	8.0T	10.0T
锤体总质量（t）	8.2T	9.2T	11.4T	12.3T	14.8T	16.9T	20.56T
常用冲程（m）	1500～36	1500～3693	1500～4029	1500～4518	1500～4100	1500～4110	1500～4110
适用管桩规格（mm）	300	300～400	400～500	400～600	500～800	600～800	800～1000
常用控制贯入度（cm/10击）	2～3	3～5	3～5	3～6	3～6	3～7	3～8

表 J.2 自由落锤打桩机桩锤参考表

锤重（t）	4.0	6.0	8.0
落距（m）	1.0～1.5	1.0～1.5	1.0～1.5
适用管桩规格（mm）	300	300～400	500～1200
桩尖可进入的土层	坚硬土层、中密或密实卵石层、中风化岩石		
锤的常用控制贯入度（cm/10击）	2～3	2～5	2～5

注：1 桩锤根据工程地质条件、单桩竖向承载力设计值、桩的规格等因素并遵循重锤低击的原则综合考虑后选用。

2 本表仅供选锤参考，不能作为设计确定贯入度和承载力的依据。

3 本表适用于先张法预应力混凝土管桩桩长小于 45 m 且桩尖进入硬土层一定深度，不适用于桩尖处于软土层的情况。

4 采用落锤施工时不宜接桩，否则应验证其适用性。

附录 K 锤击沉桩施工记录表

表 K.1 锤击沉桩施工记录表

工程名称		总包单位			施工单位		
图　号		桩规格			桩设计标高		
设计贯入度		自然标高			气　候		
桩机类型		吊锤质量			平均落距		

桩号	打桩日期	桩入土每米锤击次数										入土深度	最后贯入度（mm/10）	桩位偏差	
		1 m	2 m	3 m	4 m	5 m	6 m	7 m	8 m	9 m	10 m			水平	垂直

打桩单位技术负责人：（签字）	质量检查员：（签字）	抽检人：（签字）
监理（建设单位）：（签字）	总包单位项目技术负责人：（签字）	质量检查员：（签字）

附录 L 静压桩机选择表

表 L.1 压桩机基本参数

型 号	最大压桩力(kN)	压桩速度(m/min)	压桩行程(m)	履靴每次回转角度(°)	整机质量（不含配重）(t)
YZY120	1200				≤60
YZY160	1600			≥14	≤80
YZY200	2000	≥1.8			≤90
YZY240	2400				≤110
YZY280	2800				≤120
YZY320	3200		≥1.5		≤125
YZY360	3600				≤130
YZY400	4000				≤140
YZY450	4500	≥1.5		≥10	≤150
YZY500	5000				≤160
YZY550	5500				≤170
YZY600	6000				≤180
YZY700	7000				≤200
YZY800	8000				≤200

注：压桩机的接地压强、行走速度、压桩速度、压桩行程、工作吊机性能、主机外型尺寸及拖运尺寸等具体参数各厂不同，可参阅各厂的压桩机说明书。

表 L.2 静压桩机选择参考表

项目 ＼ 压桩机号	160～180	240～280	300～360	400～460	500～600	700～800
最大压桩力（kN）	1600～1800	2400～2800	3000～3600	4000～4600	5000～6000	5000～6000
适用管桩　最小桩径（mm）	300	300	300	300	300	300
适用管桩　最大桩径（mm）	400	500	500	550	600	600
适用管桩　最小桩径（mm）	300	350	400	400	400	400
适用管桩　最大桩径（mm）	400	450	450	500	550	550
单桩极限承载力（kN）	1000～2000	1700～3000	2100～3800	2800～4600	3500～5500	3500～8000
桩端持力层	中密～密实砂层、硬塑～坚硬黏土层，残积土层	密实砂层、坚硬黏土层、全风化岩层	密实砂层、坚硬黏土层、全风化岩层	中密～密实砂层、硬塑～坚硬黏土层，残积土层	中密～密实砂层、硬塑～坚硬黏土层，残积土层	中密～密实砂层、硬塑～坚硬黏土层，残积土层
桩端持力层标贯值（N）	2～25	20～35	30～40	30～50	30～55	30～55
穿透中密—密实砂层厚度（m）	约为2	2～3	3～4	5～6	5～8	5～8

附录 M   静压桩竖向极限承载力与终压力关系

M. 0. 1   静压桩的竖向极限承载力与终压力的关系宜按下式确定：

当 $6 \text{ m} \leqslant L \leqslant 8 \text{ m}$ 时

$$Q_\mathrm{u} = \beta \cdot P_\mathrm{ze} = (0.60 \sim 0.80) P_\mathrm{ze} \qquad （\text{M.0.1-1}）$$

$8 \text{ m} < L \leqslant 15 \text{ m}$ 时

$$Q_\mathrm{u} = \beta \cdot P_\mathrm{ze} = (0.70 \sim 1.00) P_\mathrm{ze} \qquad （\text{M.0.1-2}）$$

$15 \text{ m} < L \leqslant 23 \text{ m}$ 时

$$Q_\mathrm{u} = \beta \cdot P_\mathrm{ze} = (0.85 \sim 1.00) P_\mathrm{ze} \qquad （\text{M.0.1-3}）$$

$L > 23 \text{ m}$ 时

$$Q_\mathrm{u} = \beta \cdot P_\mathrm{ze} = (1.00 \sim 1.15) P_\mathrm{ze} \qquad （\text{M.0.1-4}）$$

式中　L——静压桩的入土深度；

　　　Q_u——入土部分的静压桩竖向极限承载力；

　　　β——静压桩竖向极限承载力与终压力的相关系数，当桩土深度较大且土质较好时，β可取大值；反之，取小值；中间可内插或根据经验确定；

　　　P_ze——静压桩的终压力值。

M. 0. 2   静压桩的竖向极限承载力与终压力关系的使用应符合下列规定：

　1   适用于淤泥层厚度不大于 1/3 桩长的端承摩擦桩或摩擦端

承桩，不适用于摩擦桩或端承桩；

2 已知桩的终压力、桩的入土深度及桩周土质情况，可以快速估算桩的竖向极限承载力，并得到桩的竖向承载力特征值；

3 已知桩的入土深度（或根据工程地质资料预估）、土质情况及桩的竖向承载力特征值，可快速求得需要的终压力值，作为选择施工用的压桩机、确定终压控制标准初步估算的方法。

附录 N　静压桩施工记录表

工程名称：
建设单位：　　　　　　　自然地面标高：
总包单位：　　　　　　　桩顶设计标高：
施工单位：　　　　　　　压力表换算值 1MPa=＿＿ kN（双缸）/＿＿ kN（四缸）
桩型及规格：
桩机编号、质量：

共 页　第 页

日期 月/日	班别（早、中、夜）	起讫时间（时、分）	桩入土深度对应的读表值（MPa）								终压力（kN）	复压次数	送桩深度（m）	桩高出地面深度（m）	桩入土总深度（m）	桩身节长（m）			接桩质量记录		桩倾斜率（%）
																下节	中节	上节	上节	下节	
			1	2	3	4	5	6	7	8											
			9	10	11	12	13	14	15	16											
			17	18	19	20	21	22	23	24											
			25	26	27	28	29	30	31	32											

记录员：　　　　　　班长：　　　　　　技术负责人：　　　　　　工程负责人：　　　　　　监理：　　　　　　建设单位代表：

年　月　日

104

附录P 管桩全截面桩身混凝土抗压强度试验要点

P.0.1 管桩全截面桩身抗压强度试验适用于评价管桩桩身混凝土强度。

P.0.2 试件应从工地现场随机抽取的管桩上截取，截取试件时应避开管桩螺旋筋加密区。试件的高径比宜为 1.0，高度的尺寸偏差不宜大于 5%。

P.0.3 抗压试验宜在试验机上进行，可采用千斤顶施加荷载。试验用的计量器具应进行检定或校准。

P.0.4 试验前，对试件的垂直度和平整度应进行测量，并符合下列要求：

  1 试件端面的平整度在 100 mm 长度内不超过 0.1 mm；

  2 试件端面与轴线的垂直度不超过 2°。

P.0.5 当试件的平整度和垂直度不能满足要求时，应选用以下方法进行端面加工：

  1 采用磨平方法；

  2 用硫磺胶泥等材料进行补平。补平层应与试件端部结合牢固，受压时补平层与试件的结合面不得提前破坏。

P.0.6 管桩全截面试件的抗压强度应按公式（P.0.6）计算。

$$f_{gcu} = \xi P/A \qquad\qquad (P.0.6)$$

式中 f_{gcu}——试件抗压强度值（MPa），精确至 0.1 MPa；

  P —— 试件抗压试验测得的破坏荷载（N）；

  A —— 管桩桩身横截面面积（mm^2）；

ξ—— 试件抗压强度换算系数，当试件的高径比为 1.0 时，宜取 1.0。

P.0.7 管桩全截面试件的抗压强度值不小于管桩混凝土强度设计等级的 95% 时，可认为抽检的管桩混凝土强度满足设计要求。

P.0.8 当一个试件的强度值不满足设计要求时，可再截取两个试件进行试验。当三个强度试验值的中值或平均值满足不小于管桩混凝土强度设计等级的 95% 的要求，可认为抽检的管桩混凝土强度满足设计要求。

附录 Q 管桩基础工程检验批质量验收记录表

工程名称			分项工程		验收部位	
施工单位			项目经理		分包单位	
项目经理 （分包单位）			专业工长		施工班组长	
施工执行标准及编号				建筑地基基础工程施工质量验收规范 GB 50202—2013		
质量验收规范的规定				施工单位检查评定记录		监理 （建设） 单位验收 记录
主控项目	桩体质量	按基桩检测技术规范				
	承载力	按基桩检测技术规范				
	桩位偏差	带有基础梁的桩	垂直基础梁的中心线	(100+0.01)Hmm		
			沿基础梁的中心线	(150+0.01)Hmm		
		桩数为1~3根桩基中的桩		100 mm		
		桩数为4~16根桩基中的桩		1/2桩径或边长		
		桩数>16根桩基中的桩	最外边的桩	1/3桩径或边长		
			中间桩	1/2桩径或边长		

一般项目	成品桩外形		无蜂窝、露筋、裂缝、色感均匀、桩顶处无孔隙								
	成品桩尺寸	桩径	±5 mm								
		管壁厚度	±5 mm								
		桩尖中心线	<2 mm								
		桩体弯曲	<（1/1000）l_0								
		桩顶平整度	<10 mm								
	电焊接桩	电焊结束后停歇时间	>1.0 min								
		上下节平面偏差	<10 mm								
		节点弯曲矢高	<（1/1000）l_0								
		焊接质量	设计要求								
	桩顶标高		±50 mm								
	停锤标准		设计要求								

共实测	点，其中合格	点，不合格	点，合格点率	。

施工单位检查评定结果	项目专业质量检查员：　　　　项目专业质量（技术）负责人： 年　　月　　日
监理（建设）单位验收结论	监理工程师（建设单位项目技术负责人）： 年　　月　　日

注：H 为施工现场地面标高为桩顶设计标高的距离。

本规程用词说明

1 为便于在执行本标准条文时区别对待，对于要求严格程度不同的用词说明如下。

    1）表示严格，非这样做不可的：

        正面词采用"必须"，反面词采用"严禁"。

    2）表示严格，在正常情况下均应这样做的：

        正面词采用"应"，反面词采用"不应"或"不得"。

    3）表示允许稍有选择，在条件许可时首先应这样做的：

        正面词采用"宜"，反面词采用"不宜"。

    4）表示有选择，在一定条件下可以这样做的，采用"可"。

2 条文中指明应按其他有关标准执行的写法为："应符合……的规定"或"应按……执行"。

引用标准名录

1 《建筑地基基础设计规范》GB 50007

2 《混凝土结构设计规范》GB 50010

3 《建筑抗震设计规范》GB 50011

4 《建筑基坑支护技术规程》JGJ 120

5 《先张法预应力混凝土管桩》GB 13476

6 《预应力混凝土空心方桩》08SG360

7 《岩土工程勘察规范》GB 50021

8 《高层建筑岩土工程勘察规程》JGJ 72

9 《建筑桩基技术规范》JGJ 94

10 《高层建筑筏形与箱形基础技术规范》JGJ 6

11 《建筑地基处理技术规范》JGJ 79

12 《刚-柔性桩复合地基技术规程》JGJ/T 210

13 《钢结构工程施工质量验收规范》GB 50205

14 《建筑钢结构焊接技术规程》JGJ 81

15 《碳钢焊条》GB/T 5117

16 《焊接用二氧化碳》HG/T 2537

17 《气体保护电弧焊用碳钢、低合金钢焊丝》GB/T 8110

18 《劲性复合桩技术规程》JGJ/T 327

19 《水泥土复合管桩基础技术规程》JGJ/T 330

20 《随钻跟管桩技术规程》JGJ/T 344

21 《建筑基坑工程监测技术规范》GB 50497

22 《先张法预应力混凝土管桩用端板》JC/T 947

23 《钻芯检测离心高强混凝土抗压强度试验方法》GB/T 19496

24 《建筑基桩检测技术规范》JGJ 106

25 《建筑地基基础工程施工质量验收规范》GB 50202

26 《混合配筋预应力混凝土管桩》DBJT 20-60

四川省工程建设地方标准

四川省先张法预应力

高强混凝土管桩基础技术规程

Technical Specification Code for Prestressed High
Concrete Pipe Pile Foundation in Sichuan Province

DB 51/T5070－2016

条 文 说 明

修订说明

四川省工程建设地方标准《先张法预应力高强混凝土管桩基础技术规程》DB 51/5070—2010，经四川省住房和城乡建设厅 2010 年 11 月 5 日以第 509 号公告批准发布。

根据四川省住房和城乡建设厅《关于下达四川省工程建设地方标准〈先张法预应力高强混凝土管桩基础技术规程〉修订计划的通知》（川建标发〔2014〕689 号）要求，成都市建设工程质量监督站、四川省建筑科学研究院、中国建筑西南勘察设计研究院有限公司、四川省建筑设计院、成都市建筑设计研究院、成都华建管桩有限公司、四川华西管桩工程有限公司、中建地下空间有限公司、遂宁华建管桩有限公司和四川双信管桩有限公司等质监、研究、设计、勘察单位，对《先张法预应力高强混凝土管桩基础技术规程》DB 51/5070—2010 进行了全面修订。本规程是在《先张法预应力高强混凝土管桩基础技术规程》DB 51/5070—2010 的基础上修订而成，2010 版的主编单位是成都市建设工程质量监督站，参编单位有中国建筑西南勘察设计研究院有限公司、四川省建筑科学研究院、四川省建筑设计院、成都市建筑设计研究院、成都华建管桩有限公司和四川华西管桩工程有限公司，主要起草人员是：李晓岑，康景文，王德华，章一萍，李学兰，张仕忠，杨新，田明正，颜振生，宋静，甘鹰，李先勇，刘华东，易松孟，胡江河，李明全，李勇，高岩川，余翔。本规程修订的主要技术内容是：1. 调整和增加了部分术语和符号；2. 调整了基本规定中的部分内容;3. 增加了预应力管桩的规格和预应力混凝土空心方桩的生产及相关要求,并细化了管桩产品的检验内容;4. 增加了管桩用于复合地基、基坑支护的设计与施工等有关内容;5. 增加了施工章节中沉桩辅助措施、植入法沉桩、中掘法沉桩以及土方开挖等有关规定;6. 进一步明确了管桩产品检验方法和管桩基础工程检测具体时限等。

本规范修订过程中,编制组对国内外先张法预应力混凝土管桩基础设计和施工的应用情况进行了广泛的调查研究,总结了我省工程建设中先张法预应力混凝土管桩基础设计、施工领域的实践经验,同时参考了国内外先进技术法规、技术标准,通过现场原位测试取得了能够反映四川省当前建筑领域管桩设计与施工整体水平的重要技术参数。

为便于广大设计、施工、科研、学校等单位有关人员在使用本规范时能正确理解和执行条文规定,《先张法预应力高强混凝土管桩基础技术规程》编制组按章、节、条顺序编制了本规范的条文说明,对条文规定的目的、依据以及执行中需注意的有关事项进行了说明。但是,本条文说明不具备与规范正文同等的法律效力,仅供使用者作为理解和把握规范规定的参考。

目　次

1 总 则

1.0.1 近年来在成都地区以及其他地区，先张法预应力高强混凝土管桩基础工程大量使用，但在其生产、基础设计、施工及质量验收中存在诸多有待商榷之处，乃至产生了对工程适用、使用和质量控制等方面的疑惑，故制定本规程，以便统一推广应用。

本规程所述"管桩"均指"先张法预应力管桩"。

本规程所述"管桩基础"包括单独使用管桩以及管桩作为水泥土劲芯的基础工程。

1.0.2 近年来国内包括四川地区在内，以管桩作为复合地基竖向增强体的地基处理大量应用，并已颁布类似行业规范。管桩作为竖向增强体的复合地基应根据地质条件、工程特点与地基处理要求，结合工程当地技术水平与地方经验选择使用。管桩可单独使用形成刚性桩复合地基，也可与碎石桩、水泥土桩、灰土挤密桩和土挤密桩、素混凝土桩等组合或复合使用，形成多桩型或复合桩型的复合地基。

随着管桩制品的多元化（大直径、混合配筋、异型截面）发展，管桩作为基坑支护结构构件得以运用，基坑支护结构形式可根据地质条件、环境条件、地下水条件等综合确定。

1.0.4 为与国家或行业现行技术标准的相关内容相协调，本条明确了执行本规程过程中必须遵循的基本原则。

2 术语和符号

2.1 术 语

本节仅对本规范中专用的基本术语进行解释，其他常用术语应依据国家、行业中有关内容进行理解。

2.1.2 混合配筋预应力混凝土管桩（PRC）是在先张法预应力混凝土管桩（PC）基础上，采用预应力钢棒与非预应力普通钢筋间隔对称布置而形成的一种新型预应力管桩。

预应力混凝土管桩已普遍用于高层和超高层建筑的桩基工程中。但是，普通的预应力管桩因抗弯能力不足、延性较差，主要用于抗压的桩基工程中；而在高抗震设防烈度地区，当基础埋深较浅时，因普通管桩的抗水平荷载能力较差而被限制使用；另外，工程中管桩用作抗拔桩，被普遍认为耐久性不足；同时，管桩仅在极少数的基坑工程中得到使用。为了解决普通预应力混凝土管桩抗弯能力及延性差等问题，扩大预应力管桩的应用范围，出现"混合配筋预应力混凝土管桩"，即在预应力混凝土管桩中加入一定数量的非预应力钢筋，形成水平承载混凝土复合截面，以提高预应力管桩的抗弯承载力和延性，并适用于一般工业和民用建筑的基坑支护和低承台桩基础以及刚性桩复合地基。

虽然四川省于 2013 年 1 月 1 日发布实施混合配筋预应力混凝土管桩图集（DBJT 20-60，川 13G167，批准文：川建勘设科发〔2013〕537），但由于混合配筋预应力混凝土管桩在大多数情况下，其结构根据具体工程需要进行单独设计，因此，本规程在编制规程中并未过多提及此方面的内容。

2.2 符 号

本节仅列出了在本规范中使用的基本符号，其他常用符号应参见国家、行业及本规程条文中的内容。

3 基本规定

3.0.1 在划分为甲级设计等级的基础中，复合地基承载力特征值大于 500 kPa 主要考虑到桩间土的承载力、复合地基提高系数超过 2.5、处理地基方案的经济合理性等因素；开挖深度大于 12 m 的基坑主要考虑工程常用管桩的自身抗弯、抗剪的承载能力有限等因素，在不采取其他技术措施（桩身结构增强、减少支点间距、坑顶放坡等）的前提下，四川省内一般地质条件中管桩自身性能可支护的基坑深度。

在划分为丙级设计等级的基础中，复合地基承载力特征值小于 200 kPa，主要考虑了四川省境内的桩间土即使软弱地基，通常天然地基承载力也不会低于 80 kPa（新近填土除外），处理地基的提高幅度和难度较小，不会产生技术风险；基坑开挖深度小于 5 m，除特殊条件外，就四川省境内的一般地质条件，支护难度和技术风险及环境影响均较小。

本条未规定管桩的适用范围，并突破《建筑地基基础设计规范》GB 5007—2011 的有些规定。鉴于四川省基本属于地震多发区，为了提高建设工程的建设速度和工业化程度，在设计等级不高的建（构）筑物不能限制允许使用管桩的可能性，并应随着对管桩基础抗震性能的深入研究和对管桩生产工艺及连接构造的改进以及工程经验的积累，可逐步扩大使用范围。

3.0.2 本条主要考虑工程结构的耐久性。虽然仅强调了中等及以上腐蚀性场地，但对弱腐蚀也应引起足够的重视，必要时加强预防措施。当有争议时，必须进行专门研究和方案技术论证，以避免工程风险。

3.0.3 由于近年来因场地勘察深度、针对性和与施工工艺结合等引发的工程质量问题比较多，造成了设计、施工、质量监督以及业主的担忧，尤其是膨胀土、软化岩石、岩溶等特殊性土及新近填土等特殊场地，本条强调进行施工勘察，目的在于对用管桩基础的地基进行充分的研究，积累工程经验，消除事故隐患。

同时考虑到目前建筑市场经常出现在建筑方案甚至使用功能没有确定的情况下先进行所谓的"岩土工程勘察"，尤其是一次性详细勘察，待真正进行基础设计和确定基础施工工艺时，已有勘察资料往往不能满足或不能完全满足设计和施工的需要，如基础建议、钻探深度、技术指标等，常常是业主或设计单位要求勘察单位在不进行任何补充勘探工作的情况下，提供类似工程经验指标及技术参数，如此既给设计造成依据不充分可靠，或过大的安全储备，或导致安全隐患等问题，也给施工造成质量控制难度甚至形成质量隐患，因此要求进行施工勘察。

3.0.4 管桩在四川地区经过十多年的使用，积累了大量的设计、施工、检验数据和经验，目前再按 DB 51/5070—2010 版"每种规格试桩数量不小于 1%"的试桩静载数量规定已无必要，本规程对试桩静载数量修编为"同一地质条件每种规格的试验桩数量不应少于 3 根。"降低不必要的检测成本，同时也符合《建筑基桩检测技术规范》（JGJ 106—2014）的规定。

3.0.5　任何一个工程在进行管桩设计和施工前均应进行静荷载试验以确定单桩竖向极限承载力标准值，目的在于有针对性地进行工程设计，并积累地方工程经验；但在实际工程中往往难以实现，因此放宽到在有一定数量的试验资料和工程实践后，丙级管桩基础设计时单桩竖向极限承载力可以对已有资料充分加以利用，另外也可利用已有静荷载试验资料，在进行动力测试及对比分析，确定单桩竖向极限承载力，同时要求使用规范规定的设计计算方法进行相关验算加以检验，确保工程安全。

3.0.6　由于桩基上部设有一定面积与地基接触的承台或筏板，一般能承受一部分上部结构的荷载，但在工程实践和按规范方法设计时，出于安全考虑，未计入此部分承载能力，主要原因在于承台或筏板与桩荷载分担不明确、桩间土承载能力发挥程度不确定，以及未有完整和成熟的理论依托。但国内外工程界和理论界一直在不断地进行探索，目前已有一定数量的工程项目开始利用桩、土、承台共同作用的方法进行设计，从技术和经济角度看，这是基础工程的一个发展方向，因此，本规范也与其他规范一样，在具有可靠的基本资料的条件下，借助相关理论和数值分析软件，推荐使用共同作用理论和方法。

此条考虑结合工程经验，根据工程实际情况可考虑变刚度调整设计。

3.0.7 随着城市建设的扩展，建设场地已改变了原始地形和地貌，尤其山区和丘陵地区，大量开山、挖方后形成的高厚填方场地随时可遇，自重固结变形未完成条件下进行设计和施工，大多未对此进行地基处理；另外，即使自重固结已完成，但又在其上堆积大面积填筑土石方或货物，导致其下的地基土压缩变形。在此类场地使用管桩时，必须考虑由于地基土压缩变形对桩基产生的向下的拉力（即负摩擦力）的作用，负摩擦力不仅增大了桩身压强，同时增加了基础的沉降量。

3.0.9 由于管桩需要具有一定深度，穿越一定厚度的土层，同时也会产生挤土效应，因此，要求在管桩施工前，委托具有检测、测试和测量能力的单位，对地下和地上的所有可能对其产生不利影响的设施进行全面的调查和了解，掌握其真实的状态，并出具调查分析报告以及技术建议，避免产生不利影响和出现不必要的纠纷。

3.0.10 根据四川省内所收集到的成都、南充、遂宁、乐山等地的工程经验，岩石饱和单轴抗压强度与天然单轴抗压强度之比小于 0.45 时具有显著的积水软化和施打结构破坏而增大基础沉降，其他沉桩设备和施工工法可以减小或避免此类不利现象的发生。

3.0.11 本条引用《建筑桩基技术规程》JGJ 94—2008 第 3.1.4条第 1 款、2 款、3 款，该条文为强制性条文。结合四川地区普遍存在遇水软化岩层的特点，为保证其重要性，故增加了第

4 款。根据住建部〔2016〕357 号文相关要求，改为一般性条文，但此条规定很重要，实施中必须严格执行。

本条主要目的在于进一步对管桩基础的质量进行验证，并掌握其在使用过程中的宏观性状，在确保工程安全的同时，为今后的工程实践积累经验。

1 确保重要建筑物安全；

2 由于对管桩在遇水软化场地的长期工作性状掌握得不够透彻，尤其对具有膨胀性的软岩中管桩工程特性研究有待深入，在保证工程安全的同时，通过变形观测资料的分析，可以提高对此类地层管桩性状的认识，减少因采取不必要的防范措施而增加工程费用。

3.0.13 由于辅助引孔沉桩、植入沉桩法、中掘沉桩法等施工或多或少地均对原地基结构有所扰动甚至破坏，削减了桩周土对桩侧的约束性能，增大了基础的沉降，因此需要在后续施工和使用期间进行变形观测，以确保工程处于安全状态。

4 管桩制品质量要求

4.1 管桩制品

4.1.1 管桩的规格分类方法与以前不同，要求管桩的抗弯抗裂和有效预应力值都必须达到要求才算合格。GB 13476—1999标准中只要二项中一项达标即可，以前的管桩一般都是预应力偏小，此次修改增加了符合 GB 13476—2009 的要求。

4.2 桩身构造

4.2.1～4.2.5 现有国内生产的预应力管桩及方桩所用预应力钢材均采用预应力钢棒，因此，钢棒产品标准须符合GB/T 5223.3—2005 的规定。

  附录 C 表 C.1 中 AB400 推荐 10Φ9 和 7Φ10.7 两种配置，主要是根据钢棒供应缺 Φ10.7、Φ9 时，生产又不受影响提出的。但需要指出，当采用 7Φ10.7 时，端板厚度应改成 20 mm。

  随着工程需求的变化，工程常用的管桩（定性产品）有时不能满足实际受力和变形控制的需要，因此，需要按其特定性能要求进行单独设计和生产，但其构造需要满足现行有关标准的基本要求。

4.2.6 管桩钢筋保护层变化较大。根据国家《工业建筑抗腐蚀设计规范》GB 50046—2008 和行业标准《海港工程混凝土机构防腐蚀技术规范》JTJ 275—2000 的要求，管桩保护层厚度加大，主要是提高桩基础的耐久性，延长管桩的使用寿命。

4.3 质量要求

4.3.1 钢棒张拉伸长值和拉伸应力都要满足设计要求，以避免设备存在问题而造成预应力不能达到设计要求的隐患。

4.3.2 对预应力钢棒代换作出了明确规定，还列出了允许的最小质量，主要是为保证管桩的钢棒用量达标。其中列出的最小钢棒质量是针对某些钢棒生产厂生产不合格钢棒的检验标准底线。当管桩运到工地使用时，可从产品中取出一段钢棒称其质量，折算成每米质量，若小于本规程最小质量，则这批管桩作不合格论处。

4.3.3 要求混凝土每立方密度为 26 kN/m^3，目的是确保桩的密实度和抗渗性能，提高桩的使用寿命。

4.3.4～4.3.5 对管桩尺寸偏差和外观质量要求，GB 13476—1999 将产品分为优等品、一等品和合格品，但实际市场上优质不能优价，各生产厂也就实际上只顾产品合格而不分等级，且 GB 13476—2009 只有合格品一档，所以本规程也只列了合格产品，同时强调，用于甲级工程及腐蚀性强环境中的管桩不允许桩身合缝处和桩套箍与桩身结合面处出现漏浆。

4.3.8 **1** 管桩与方桩标识差异仅在产品字母编号上有区别。

    2 管桩的长度单位应以米计。

    3 临时标识的管桩标记可不包括标准编号。

5 勘 察

5.1 一般规定

5.1.1 本规程不可能将管桩基础工程遇到的所有问题及应执行的标准一一列举，何况目前国内相关技术标准较多，工程实践中，应根据具体情况和不同的项目要求，在依据国家基本标准和基础标准的前提下执行本规程。

5.1.2 由于目前对地震地区管桩使用积累的经验不多，加之四川又是个地震多发区，对地震设防地区的重要建（构）筑物，理应谨慎，因此应对此类工程的地质构造和场地地震效应等问题进行细致的调查研究，为进行地基基础的地震反应分析提供可靠的基础资料。

由于国家对地震设防要求的提高，很多建（构）筑物，尤其是重要建筑物的设计需要进行时程分析，另外，由于建筑物的特殊性、设计人员对场地的认识以及需要对地基进行详细或专项研究，因此在进行工程勘察前，必须与设计单位充分沟通，掌握设计分析所需要提供的地层条件、设计参数，而不能按常规的工程进行勘察。

5.1.3 由于静载荷试验费用相对较高，因此在一般的工程勘察和设计时，并未进行此项测试，所提供的岩土参数也仅依据现场其他原位测试（如动力触探、静力触探）、室内土工试验或工程经验确定，基本都是统计值或经验值，其中不可避免地会导致诸多工程事故和造成工程浪费。但随着建设工程安全度的提高，为能更真实地掌握地质条件和地基性能，应逐步扩大进行模拟实际受力条件的现场试验测试。本条可根据本地的经济技术能力和水平执行。

5.2 勘探孔布设

5.2.1 本条内容主要是根据不同基础类型需要控制的范围和便于满足设计判断及控制地层条件提出的基本规定。

5.2.2 管桩基础工程中，桩间距一般较小，因此，本条在相关规范的基础上，为更好地掌握地层情况，提高了部分技术要求。

1 端承桩主要控制桩是否进入良好的持力层，此间距可控制 5~7 根桩，基本在一个承台范围之内；但对于地层起伏变化较大、地质状况复杂的场地，有必要加密钻探孔，一则可以比较准确地掌握地层变化，二则为设计控制桩长提供依据，三则可减少施工难度和控制工程造价；

2 摩擦型桩性能主要取决于桩间土，此间距基本可以控制一般场地的地层分布变化，但对个别场地或场地的局部可能存在异常状态，应适量加密勘察点，以便全面掌握场地的条件；

3 由于柱下单列布桩的管桩基础对管桩质量要求较高，有必要对勘探点的间距进行加密，此间距基本可以控制常规开间内的地层情况，而对地质条件复杂场地的独立承台管桩基础，对变形敏感程度要求较严格，必须进行逐个承台的勘探；

4 基坑工程由于空间效应的存在，经常因为局部地层变化而造成工程事故，何况适量加密勘察问题因此造成的支护费用增加或工程事故处理显得更为必要。

130

5.2.3 一般情况下，建筑物通过选址要求应避开断层破碎带。当不可避免时，要求控制性钻孔应钻穿断层破碎带进入相对稳定土层，并应适当加密控制性钻孔，其深度应满足地基强度和变形验算要求。

四川地区主要以沉积岩为主，且多为裂隙发育的软岩，遇水软化，并带有一定的膨胀性（包括泥化后的膨胀土），管桩施工过程中对桩端一定深度范围内的结构性有一定的破坏，削减了持力层的承载能力，因此在设计时需要验算变形量，即多以变形控制为主，因此需要勘察提供必要的设计参数。为确保工程质量，结合四川的工程经验确定了一个深度范围，同时兼顾不过多地增加勘察费用，仅限定了控制性钻孔。

5.3 取样与试验

5.3.3 泥质砂岩、砂质泥岩，统称泥质软岩，在四川省普遍存在，广泛分布且埋藏较浅，视阶地的不同，一般埋深 5～20 m，强风化层较薄（1～5 m），中风化层较厚（10～35 m）。高层建筑甚至一般的多层建筑也常采用泥质软岩中风化层为主的持力层。

泥质软岩管桩设计时，一般根据项目场地的岩土工程勘察报告所提供的泥质软岩中风化层的天然湿度单轴抗压强度指标 f_{rk}，按《建筑桩基技术规范》JGJ 94 计算单桩竖向极限承载力标准值。试验结果表明，泥质软岩天然湿度单轴抗压强度标准值 f_{rk} 一般为 4～6 MPa，由此计算的单桩极限承载力极低，低于相同几何参数而持力层为中密状态圆砾层桩的极限承载力，基本等同于以硬塑黏性土为持力层而计算得出的数值，为

131

满足桩顶荷载的要求，只有加大桩径，而一味加大桩径不仅使基础平面布桩困难，也使基础工程造价大幅度提高，由此设计泥质软岩桩基使业界各方难以接受，因此挖掘泥质软岩桩承载力的潜力是当前业界亟待探讨解决的问题，以达到基础工程技术先进、经济合理、安全适用的目的。另一方面，泥岩为桩端持力层的预应力管桩，成桩一段时间内常出现静荷载试验异常沉降、复压管桩超送的现象，工程界对这一现象是否是由桩端土软化引起争论不一。工程条件允许时，可在试验性施工时设计不同桩尖的试验桩，利用旁压试验、高应变测试、静载试验的原位技术检验压桩后一段时间内桩端土强度、水平应力与承载力的变化，结合室内试验结果系统评价预应力管桩桩端土是否会出现软化。

通常情况下，只能通过泥岩的软化性试验确定其影响程度。软化性是指泥岩受水作用后，稳定性和强度发生变化的性质，软化程度取决于泥岩的矿物成分、结构和构造特征。黏土矿物含量高、孔隙度大、吸水率高的泥岩，与水作用容易软化而丧失其强度和稳定性。

在岩土工程勘察设计中，为了说明水对泥岩的影响程度，应用软化系数这一指标。软化系数是指泥岩耐风化、耐水浸的能力。软化系数作为岩石软化性的指标，在数值上等于岩石饱和状态下的极限抗压强度与风干状态下极限抗压强度的比值，是工程岩体及岩石质量评价的重要指标之一，软化系数计算式为：$F_R = F_r / F_c$，其中 F_R 为岩石的软化系数，F_r 为饱和极限抗压强度，F_c 为干极限抗压强度。

经分析和观察，认为地下水仍有可能通过以下途径渗入到持力层中：① 打桩时丰富的地下水沿桩身四周渗入持力层；② 因岩层起伏较大，部分桩支承在岩层坡上，而坡附近砂层中的空隙潜水可直接渗入持力层中；③ 部分管桩桩芯中的水有可能沿管桩内壁与封底混凝土的裂隙通过端头板与混凝土的裂缝渗入到持力层中。

根据各种桩基检测反映，属端承型或以端承型为主的摩擦端承型桩基，因桩的摩擦力较小，端承力较大，当桩打入持力层时，桩可达到收锤要求且承载力也符合要求，但经过一段时间后，由于水进入持力层内使岩层软化，因而造成桩承载力的降低。因此，为有效规避工程风险，确保管桩承载力的耐久性，必须对遇水软化的岩基进行软化试验，以提供设计考虑软化影响的依据。

5.5 勘察报告

本节针对管桩基础工程的设计和施工工艺特点，提出了一些特殊的要求，便于工程使用。

6 设　计

6.1　一般规定

6.1.2　本条在甲级管桩基础、受水平荷载控制、挤土效应显著影响沉桩施工质量和抗震设防烈度 8 度及以上地区、工程地质条件复杂区域和用作抗拔桩时，禁止使用 A 型 PHC 管桩和直径小于 φ400 的管桩，是因为 A 型 PHC 管桩的配筋率在 0.5% 左右，抗弯和抗剪承载力较低，尤其是桩身受弯承载力设计值比开裂弯矩值提高不多，桩身一旦开裂，达到承载力设计值后因延性较差，致使桩身受弯破坏；同时直径小于 φ400 的管桩保护层较小，达不到 40 mm 的要求；另一方面，抗拔桩主要承受拉力，且抗拔桩的裂缝控制等级为一级或二级，A 型桩的受拉承载力较低；管桩可适用于抗震设防烈度为 8 度的地区，但"应根据建筑物情况及桩基实际受力状况，按所选桩型的各项力学指标加以选用，并采取相应的构造措施"。一些技术人员因不知如何根据管桩的力学指标选用管桩，限制了管桩在 8 度区的应用。钢筋混凝土灌注桩可以在 8 度区应用，将各型号管桩桩身的抗剪承载力、抗裂弯矩、抗弯承载力与相同直径、配筋率较大的灌注桩的各项力学指标进行比较。一般灌注桩采用 C30 混凝土，纵筋配筋率为 0.6% ~ 0.8%，箍筋为 6@200，考虑到 8 度区加强配筋，纵筋配筋率为 1.0%，箍筋为 8@200；

主要比较对抗震能力有影响的指标，即抗剪、抗弯承载力、延性等，管桩的开裂弯矩与灌注桩的抗弯承载力设计值比较，管桩的延性近似用管桩开裂后还能继续承担弯矩的能力表示，定义为受弯承载力设计值除以开裂弯矩的比值。比较结果如下：
（1）管桩的抗剪承载力均大于相同直径灌注桩的抗剪承载力；
（2）各种直径 A 型管桩的开裂弯矩值均小于相同直径灌注桩的抗弯承载力设计值，600 mm 直径 AB 型管桩的开裂弯矩值略小于相同直径灌注桩的抗弯承载力设计值，其余各种型号管桩的开裂弯矩值均大于相同直径灌注桩的抗弯承载力设计值；
（3）A 型、AB 型、B 型、C 型管桩的强度延性系数分别约为 1.05、1.25、1.4、1.5，延性系数越大表明管桩开裂后继续承受弯矩的能力越强，不易发生脆性破坏。上述比较结果表明，抗震设防区不应采用 A 型管桩，其余各型管桩均可应用，但 8 度及 8 度以上设防区宜采用 B 型或 C 型桩。尤其当建筑场地类别为 III、IV 类时，地震力大、地基土对管桩的支持比较弱，地震剪力和弯矩主要由管桩基础承担，应采用 C 型管桩或桩身承载能力更高的混合配筋管桩。

6.1.3

    1   对群桩的中心距限制，主要是为了减少或防止打桩时引起相邻桩上浮或倾斜等危害，当采用一些减少挤土效应的措施时，桩的中心距可以适当减少，但不得小于 3.0 d。

    理论上，相对于桩基而言，复合地基中桩间距的确定应适当放宽。考虑到挤土方法施工时的挤土效应可能产生增强体桩的偏位、倾斜、桩身上浮影响单桩承载力和地基处理效果，规定：对正常固结土，当采用锤击、静压施工方法时，桩长范围内土层挤土效应明显时，桩间距不宜小于3.0d。对可液化土一般密实度较差，挤土效应对加固土是有利的；劲芯水泥土桩中插入管桩不会产生挤土效应，因此，桩间距可取（2.5~3）d。

表注4，由于复合地基、基坑支护工程中对管桩的桩与桩之间相互影响的不利作用影响较小，而有时恰恰需要通过桩的小间距增强对桩间土的挤密效果。

6 当用于单层或低层建筑或承受水平作用（包括弯矩与水平剪力）较小时可适当放宽此条的限制。

6.1.9 普通预应力管桩破坏形式为受拉区预应力钢筋突然拉断发生脆性破坏，而混合配筋预应力管桩的破坏模式与之不同，一般为受压区混凝土开裂破坏。因此一方面，应对悬臂式支护的基坑深度、管桩选型进行限制；另一方面，应对使用的土质条件进行限制以控制桩身扰度或饶曲变形。

6.2 桩基计算

6.2.1~6.2.3 为使本规程编制结构完整和使用方便，此三条基本上是引用了《建筑桩基技术规范》JGJ 94—2008的条文，其中第6.2.2条为《建筑桩基技术规范》JGJ 94—2008第5.2.1条，此条为桩基竖向承载力计算应遵守的荷载效应组合的原则，根据住建部〔2016〕357条文相关要求，改为一般性条文，但此条文很重要，实施中必须严格执行。

6.2.6 表 6.2.6 中的 ξ_p 是根据成都地区桩端的持力层为中密至密实卵石层的几百根工程桩的试验结果和 12 根专门研究的试验桩的检测结果，经过分析统计而得的经验系数，对其他地区，当砂卵石的含泥量、卵石含量和卵石粒径等有较大的不同时，应根据当地的经验进行调整。

根据成都地区和其他地区的工程经验，当岩石的强度和软化系数达到一定指标时，桩的承载力取决于桩身强度，而不考虑桩中受压钢筋作用。

2 考虑到采用锤击成桩法对桩身强度的损伤以及耐久性的因素，取经验系数 ζ 为 0.6 ~ 0.70。

因此，当桩端为 $f_{rk} > 5MPa$ 的较完整岩时，对较长桩，不必计算侧阻，仅需按桩横截面材料强度计算单桩承载力。

4 根据工程经验，对于 9 桩以上的多桩承台，在沉桩过程中因岩石破损而遇水软化后将使桩基承载力降低，其单桩承载力应通过一定时限的休止期后再进行载荷试验确定。

6.2.9 本条工作条件系数 ψ_c 的取值与行业标准《建筑桩基技术规范》JGJ 94—2008 不同，主要是考虑到管桩经过重锤击打后对桩身混凝土产生的不利影响，因此对 ψ_c 的取值进行了降低。

6.3 复合地基计算

6.3.3 预应力混凝土桩身承载力计算时，应充分考虑成桩工艺对桩身材料损伤情况。显然，在水泥土中植入管桩的施工方法对桩身材料损伤较小，因此，其桩身强度折减系数可适当降低。

6.3.4 复合地基需要设置褥垫层，这点工程界与学术界争议均较小，但对于褥垫层设置的厚度多少为宜，目前尚缺乏系统研究。理论分析与模型试验结果表明，在桩间距（置换率）不变的前提下，褥垫层厚度与单桩承载力发挥度密切关联，厚度越大增强体单桩承载力发挥度越小。但对刚性桩复合地基而言，褥垫层厚度较小时，桩间土承载力发挥度变小，沉降会有一定程度的减小，但可能影响地基处理的经济性。因此，褥垫层设置的厚度应根据桩的间距、桩的刚度、上部结构对沉降的要求等综合确定。本条规定基于垫层材料产生滑动的一般性认识和工程经验产生，设计时可根据具体情况选用。

6.4 基坑支护计算

6.4.1

2 新近填土、膨胀土受水浸湿后，采用饱和状态下土的强度参数进行校核，已经考虑了最不利情况，因此规定安全系数不应小于1.0。

6.4.5

1 基底承载力的验算方法可采用对排桩底端平面位置地基土修正后承载力进行验算的方法。

2 软土或浸水后土性指标变化较大的膨胀土中预应力锚杆设置自由段时容易发生自由段上下区域的土体流动或滑动，这种现象时有发生。

6.5 构造要求

6.5.7

3 排桩间距要求主要考虑排桩外侧土体形成拱效应的条件，当采用排桩预应力锚杆组合结构时，该间距可以适当放宽。

7 施　工

7.1　一般规定

7.1.1～7.1.3　打桩施工前应完成的准备工作，不可缺少。

在以易软化岩为持力层的大面积锤击沉桩施工前，应进行论证。

7.1.4　试打桩不同于静载试验桩，静载试验桩是在设计阶段施打，且须做静载试验的一种试验桩，而试打桩一般在正式打桩或大规模打桩前进行，且试打桩既可看作是一种工序，又可视为一种施工试验；试打桩的目的是为了了解管桩的可打性，预测单桩竖向承载力，验证选锤的合理性，并确定收锤标准。试打桩一般可作为工程桩使用。

7.1.5　本条是根据全国各地的实践经验总结出来的减少打桩所引起的振动、挤土影响的技术措施，这些技术措施主要是从施工角度考虑；此外，从设计方面也应进行考虑，如合理选择桩径、适当加大桩间距、选择较好的持力层，以提高单桩设计承载力、减少用桩数量等。

7.1.6　四川地区的基桩施工时，由于土层普遍含膨胀性，硬塑土层偏多，很容易造成基桩横向位移及竖向位移（上浮）。基桩位移量如控制不得当，将对后期成桩质量造成严重后果，横向位移会造成桩损伤、断桩、桩偏差大等，竖向位移（上浮）

会造成基桩吊脚悬空、承载力大幅降低。当发现有竖向位移（上浮）现象时，应对全数基桩进行监控，并采取复打措施。

7.1.7 本条所述异常情况是指可能导致后期工程质量事故，在施工过程出现一些异常情况在所难免，但应保持重视，并做到及早预防，及时发现，及时分析，及时处理。

7.1.8 这是对管桩基础工程的基坑开挖所作的规定。近年来，由于土方开挖不当造成的基桩质量安全事故不在少数，开挖前应采取一定的技术保障措施，以避免工程事故发生。

在基坑影响范围内的施工现场进行边开挖边沉桩，相互之间产生不利影响叠加。

7.1.9 在设有围护结构的深基坑内打桩，若基坑面积小、桩数多时，打桩容易出现下列现象：一是挤土作用会挤压围护结构，严重的可以将围护结构挤坏、降低甚至破坏基坑的挡土止水效果；二是会使基坑范围内的土体孔隙水压力骤增且难以消除，日后开挖基坑土方时，先挖的土坑将成为超孔隙水压力释放处，容易导致土坑四周土体及基桩向土坑中心倾斜；三是容易引起桩体上浮等工程质量事故，因此，宜先打桩后施工基坑围护结构。但近几年来，不少工程设有大面积的地下室，且地下室的层数也不断增加，若先打桩再做围护结构，由于送桩深度有限，余桩的截去量太大，很不经济，所以有些深大基坑工程，采用先做围护结构再挖去部分土体最后再进行打桩的做法。为此本规程对两者的先后施工顺序没有作硬性的规定，但要求作详细的可行性研究后再确定施工顺序；若在基坑内打桩，一定要采取有效措施减少由于振动、挤土效应所产生的各种不利影响，同时应加强对基坑边坡和周围环境的监测。

7.2 吊运与堆放

7.2.2 常用管桩单节长度在本规程的范围，可用专用吊钩钩住管桩两端内壁直接进行水平起吊，各地从管桩使用以来的一二十年中，均是采用这种方法起吊；但大直径管桩应按设计要求的吊点进行吊运。

7.2.3 由于管桩施工现场堆放条件没有管桩厂内堆场的条件好，现场高低不平，因此不宜叠层堆放，若要叠层堆放，场地应平整坚实；一般做法是按工程进度分批运入管桩，既避免二次搬运，又便于单层着地放置。

现场管桩的堆放多采用单层堆放或双层堆放，堆放对场地平整要求较高，双层堆放应在桩下放置垫木。

7.3 接桩与截桩

7.3.1 管桩连接时的时间较长，停歇在接近硬土层（碎石、卵石）、砂层的管桩再行沉桩时，易造成沉桩困难。

当桩已经施打到位，不再需要继续施打时，可以利用截下部分桩作接长之用。

7.3.2 打桩工地的焊接作业宜优先采用手工电弧焊，当天气晴朗无风或采取一定的技术措施后，也可采用二氧化碳气体保护电弧焊。二氧化碳气体保护电弧焊对施工场地的环境要求较高，而打桩施工现场一般较空阔，焊接作业点四周无遮拦，二氧化碳气体保护焊的焊接质量就会受到影响；另外，根据经验，二氧化碳气体保护焊的焊缝脆性比手工焊的脆性大一些，所以打桩施工宜采用手工电弧焊，且焊缝宜采用2层3道的形式，连续饱满。但近年来，四川地区锤击管桩施工时采用二氧化碳气体保护焊的工程逐步增多，当天气晴朗无风时，或焊接作业点四周设遮拦，若施工时操作能符合打桩规程的要求，则基桩的质量还是比较有保证。

　　焊接接桩施工法提出的规定里，其中第3款还列出由两个焊工对焊时各种常用管径的每个管桩接头的施焊时间，目的是要有效控制焊接质量，施工过程中须有一个电焊时间的规定——便于操作人员自我控制，也便于监理工程师旁站监理；第5款是关于电焊结束后冷却的时间规定，综合考虑各种因素，确定手工焊接的自然冷却时间不应少于8 min，但二氧化碳气体保护焊所用的焊条直径细、散热快，所以确定其自然冷却时间不应少于3 min。

7.3.3 ~ 7.3.4　机械快速螺纹接桩法接桩在全国各地使用还较少，需要在管桩生产环节与施工环节较好配合，不易达到快速效果，故使用还不普遍。

　　机械啮合接头施工法较通常做法：1）当地表以下有厚度10 m以上的流塑淤泥土层时，第一节露出地面的桩段外周宜设置"防滑箍"，以防管桩对接时下节桩突然下沉而被压入土中；2）连接前，拆除上节桩端板上螺栓孔中的保护块，上下节桩的端头面应清扫干净，用扳手把已涂抹上沥青涂料的连接销逐条装入上节桩端板的螺栓孔内，并用特制的钢模型校正板调整好连接销的方位，使各连接销横截面长轴的延长线交会于管桩横截面圆心处；3）拆除下节桩的顶端连接槽内填塞的泡塑保护块，清洁槽孔使其干净无杂物，向槽内注入沥青涂料，并在桩顶端板面沿周边抹上宽 20 mm、厚 3 mm 的沥青涂料；4）当地下水、地基土对管桩有中等或强腐蚀作用时，整个桩顶端板应涂上厚 3 mm 的沥青涂料；5）将上节桩起吊至下节桩上部，使上节桩下端部的连接销对准下节桩顶端的连接槽口，并徐徐下降上节桩，使各连接销同时插入连接槽内 5 mm 左右；6）适当放松上节桩，利用上节桩的自重，将连接销完全插入下节桩的连接槽内，经检查接头无异样后，方可继续施打。

7.3.5　截割桩头工作有时在工地不受重视，切割不完整、不平顺时，强行扳拉，很容易造成后期质量事故，所以要求采用电动锯桩器，或采用人工沿裁桩导向箍上缘剔除管桩预应力钢棒外面混凝土、电割切断钢棒后将桩头裁断；严禁采用大锤横向敲击或强行扳拉裁桩。

　　管桩截桩必须采用锯桩器。先行截桩应采取有效措施防止桩头开裂，若截桩时出现较严重的裂缝，应继续下移截桩，将裂缝段去除。

7.4　沉桩辅助措施

7.4.5　引孔辅助沉桩法是减轻挤土效应常用的一种有效方法，也可以采用该法穿越坚硬夹层增加桩的入土深度。

　　钻孔孔径一般比管桩直径小 100 mm，否则设计应考虑钻孔对承载力的影响；也有与管桩直径一样的孔径，主要根据现场的土质情况、桩直径、桩的密集程度等因素而定。

一般情况下，钻孔深度不宜超过设计桩长的 2/3，主要是因为钻孔太深，孔的垂直度偏差不易控制，一旦钻孔倾斜，管桩下沉时很难纠偏，也容易发生桩身折断事故。

7.5 锤击沉桩法

7.5.1 打桩机由打桩架、行走机构、卷扬机、打桩锤等组成。打桩架有万能打桩架、三点支撑桅杆式和起重机桅杆式等形式，四川大量使用的是简易打桩架——用施工沉管灌注桩的打桩架改进而成，打桩架须和所挂的打桩锤相匹配。四川地区特别是成都地区由于地质情况特殊，持力层埋深普遍较浅，在施工 300、400 管桩中，采用自由落锤打桩机施工较多，500 管桩主要是柴油锤打桩机施工。自由落锤打桩机由于受稳定性、冲击破坏等因素影响容易造成基桩焊口断裂、垂直度不符合要求、桩身破损等，除四川外全国各地已禁止使用，采用自由落锤打桩机施工，应在施工前对上述影响进行评估，验证其适用性。当桩长较长、基础等级较高时，宜采用静压桩机或柴油锤、液压锤打桩机施工。 柴油锤爆发力强，锤击能量大，工效高，锤击作用时间长，打桩应力峰值不高，落距可随桩阻力的大小自动调整，人为因素少，因此，较适用于管桩的施打，但打桩会引起油烟、噪声、振动等污染，故在城市内受到限制使用，但在市郊、农村、新开发区等地方，打桩作业还普遍存在。液压锤施工能部分减少污染，是施工的一个发展方向，但由于施工成本较高，现阶段四川地区尚未采用。静压桩机由于施工无噪声、无振动、无污染，施工时，仪表可随时反映桩阻力，分段记录的压力参数可为设计和施工管理人员提供可靠的技术依据。静压桩机施工在全国范围已逐渐成为管桩施工的主流。

"重锤低击"指的是在相同锤击能量的条件下应优先选用冲击体大的锤，以便在实际作业过程中采用小的落距，不仅贯入力强，桩身柱头也不易破损。本规程附录D《选择打桩锤参考表》，其中选择柴油锤部分是全国各地多年施打管桩的经验总结。

根据工程经验，直径大于等于 700 mm 的预应力管桩不宜采用锤击沉桩法。

7.5.2　本条对桩帽结构构造及桩垫的设置提出了具体的要求。桩帽要经得起重锤击打，桩帽下部套桩头用的套筒应做成圆筒型，不应做成方筒型。桩帽垫层有"桩垫"和"锤垫"之分，锤垫设在桩帽的上部，是保护柴油锤的；桩垫设在桩帽的下部，放在圆筒体的里面。软厚适宜的桩垫，可以延长锤击作用的时间，降低锤击应力的峰值，起到保护桩头的作用，也可提高管桩的贯入效率。在施工过程中，可能出现的问题有垫层厚度达不到规程提出的要求，个别甚至没有垫层；有的设了垫层，但厚度不足，且不及时更换或使用过渡性钢套筒，即使大锤打小桩、大桩帽套小直径管桩的不规范做法，所以，本规程强调桩帽套筒应与施打的管桩直径相匹配，一种型号的桩帽用于一种型号的管桩上，不得一帽多用。

7.5.3 本条是专为送桩器而设的条文。提出不得使用"插销式"送桩器，强调使用端部带套筒的送桩器，并要求设置一定厚度的衬垫。因为"插销式"送桩器难以设置衬垫，且送桩器倾斜后插销很容易破坏管桩。

7.5.4 打桩前应完成的准备工作，表述得比较具体。由于十字型桩尖四川地区用得较多，而十字型桩尖对中较困难，容易造成桩位偏差。现场操作中值得推荐的方法：标定的桩位中心插一根 20 ~ 30 cm 长的 ϕ6 钢筋，露出地面 5 ~ 10 cm，上绑红布条以示醒目。用一块与管桩直径一样的圆板，其中心孔插进桩位处的钢棒上，再在圆板上面及四周撒上白石灰粉，拿掉圆板，地面上呈现的圆圈就是管桩就位的范围，因此对中非常方便。

7.5.5 打桩顺序是施工经验的总结，由于实际情况比较复杂，施工单位在做施工组织设计时，应根据实际情况，灵活运用打桩顺序的原则，制定最佳的施工流水图，以指导施工。一般做法是当桩较密集且施工场地较开阔时，从中间开始向四周进行；当桩较密集、场地狭长、两端距建（构）筑物较远时，从中间开始向两端进行；当桩较密集且一侧靠近建（构）筑物时，从毗邻建（构）筑物的一侧开始由近及远地进行；桩数多于 30 根的群桩基础应从中心位置向外施打，接头适当错开。

7.5.6 本条为沉桩应遵循的准则，所提到的检查桩身垂直度偏差，应先用长条水准尺粗校，然后用两台经纬仪或两个吊线锤在互为 90°的方向上进行检测，必要时，拔出后重插；本条提到的"应保持桩锤、桩帽和桩身的中心线在同一条直线上"，其检查方法主要是观察打桩锤在锤击桩顶的一瞬间桩帽不应出现较大的摆动，纠正的方法一般是采用移动桩架或加垫半圆垫层调整桩锤的方向即可达到目的。

7.5.7 送桩作业能否正确掌握和实施也关系到基桩的工程质量。需要说明的有以下几点。

1）桩头进入淤泥层中最好不要再送桩，因为此时桩头摇摇晃晃，重锤击打下容易发生成桩质量事故。有不少施工场地，上表有 1.5～2.0 m 的硬壳层，其下就是厚淤泥层，所以本条规定：当地表下有较厚的淤泥土层时，送桩深度不宜大于 2.0 m；送桩深度超过 2.0 m 是要有一定的地质条件作前提的，目的是使送桩后每根基桩的单桩承载力能达到设计要求，盲目送桩，不仅成桩的桩身完整性会出现问题，桩的承载力也会有问题；太深的送桩作业务必小心谨慎。

2）当桩需要作复打准备时，如布桩较密集或以风化泥岩作桩端持力层的管桩基础很有可能需要进行复打作业，送桩就不能太深，否则，复打前桩头不易找到，因此规定为不宜大于 6 m。

3）送桩作业要"即打即送"，若中间间歇时间一长，桩周土体发生固结，再施打时桩身沉不下去，硬打很容易将桩头击碎。

7.5.9 本条明确指出以桩端标高控制的摩擦桩应保证设计桩

长外，其他凡指定桩端持力层的管桩基础均要按确定的收锤标准进行收锤。实际工作中，将管桩作为纯摩擦桩使用的工程很少，极大多数都属于摩擦端承桩或端承摩擦桩，这些桩终止施打前，均要作收锤验收这一道施工程序，且收锤标准应由设计、监理、施工等单位的代表共同确认。

7.5.10 当持力层为遇水易软化的风化岩（土）层进行混凝土封底，可以保证桩的承载力，但是否全部持力层为遇水易软化的风化岩（土）层上的管桩基础工程都要进行混凝土封底，则要具体情况具体分析，由设计根据需要或当地经验而定；封底混凝土施工要及时，可以在第一节管桩打入土（岩）层后立即进行或待管桩收锤以后经灯光或孔内摄像检查管桩内腔完好后立即进行。

7.5.11 ~ 7.5.12 收锤标准包括的内容、指标较多，如桩的入土深度、每米沉桩锤击数、最后一米沉桩锤击数、总锤击数、最后贯入度、桩尖进入持力层深度等。根据多年的施工经验：一般情况下，桩端持力层、最后贯入度或最后一米沉桩锤击数为主要控制指标，其中桩端持力层作为定性控制指标，最后贯入度或最后一米锤击数作为定量控制指标。其余指标可根据具体情况有所选择作为参考指标。定量指标中用得最多的是最后贯入度，一般以最后三阵（每阵十击）的贯入度来判断该桩能否收锤，而最后贯入度大小又与工程地质条件、桩承载性状、单桩承载力特征值、桩规格及桩入土深度、打桩锤的规格、打桩锤的性能及冲击能量大小、桩端持力层性状及桩尖进入持力层深度等因素有关，需要综合考虑后确认。但由于地质等条件复杂多变，最后贯入度并非是打桩收锤的唯一定量控制指标，应具体情况具体分析，最终目的是为了保证单桩的承载能力，控制建筑物的沉降，使建（构）筑物安全适用。

确定收锤标准的途径和方法在其他地区有些较普遍做法：重要的工程或应用管桩经验不足的地区或地质条件较为复杂的工程，应通过静载试验桩或试打桩的试验成果经综合考虑确定，一般的乙级或丙级桩基工程，最好也用试打桩的方法来确定，也可参考本规程附录 C 或利用 Hilley（海利）打桩公式的计算结果，同时结合以往经验来确定。

海利公式是国外特别是香港、澳门和广东部分地区广泛采用的打桩收锤公式。该公式简单，已知收锤贯入度，可估算单桩承载力；已知单桩的承载力特征值，可估算该桩的收锤贯入度。该公式在桩长 5～20 m 范围较为准确。

Hilley（海利）公式表达如下：

$$R_a = \frac{0.5\eta E}{S + C/2} \cdot \frac{W + e^2 W_P}{W + W_P} \quad \text{或} \quad S = \frac{\eta E}{2R_a} \cdot \frac{W + Pe^2}{W + P} - \frac{C}{2}$$

式中　　R_a——单桩竖向抗压承载力特征值（kN）；

　　　　S——最后贯入度计算值（mm/击）；

　　　　E——收锤时的冲击能量（mm·kN）；当柴油锤打桩时，取 $E = (1.2～1.3)WH$，当送桩时，取 $E = WH$；

　　　　W——柴油锤冲击体重力（kN）；

　　　　H——锤落距（mm）；

η——锤击效率系数，取 0.9；

W_P——桩身、桩帽重力之和（kN）（送桩时需加送桩器重力）；

e——回弹系数，当用筒式柴油锤打桩时，取 0.4；

C——瞬时弹性变形值（mm），$C = C_c + C_P + C_q$，其中，$(C_p + C_q)$ 为桩身和桩端土体的弹性压缩量，从收锤回弹曲线上实测，约为 12 ~ 25 mm；C_c 为桩帽的瞬时弹性压缩量，可取 3 mm。

确定最后贯入度的控制指标，主要是要解决好一个"度"的问题。贯入度过大基桩可能达不到设计承载力；贯入度过小基桩可能被打坏，要"恰如其分"，既能保证桩的承载力，又能保证桩身的完整性。在常规情况下，规程要求所确定的贯入度指标不要小于每阵（十击）20 mm，这是参照广东地区近三年来应用管桩以及四川地区应用管桩 15 a 的经验总结。有些特殊的地质条件，如强风化岩层较薄（< 1.0 m）且上覆土层又较软弱时，要达到同样的承载力，最后贯入度控制值可适当减少，但不宜小于 15 mm/10 击，否则，应从设计入手适当减少单桩竖向抗压承载力特征值。

对每根桩的总锤击数和最后一米沉桩锤击数的规定是参照广东地区管桩应用中的成功经验总结，这样的限制，既保护了管桩桩身混凝土，又对免除管桩遭受过度锤击而被打坏或造成"内伤"起到了很好的防护作用。

送桩的最后贯入度应比同一条件下不送桩时的最后贯入度小一些，才能达到同样的承载力。因为送桩器是套在桩头上的，两者的连接是非刚性的，锤击能量在这里的传递不顺畅，损失较大，同一大小的冲击能量，直接作用在桩头上，测出的贯入度就大一些，装上送桩器施打时，测出的贯入度就小一些。所以送桩的最后贯入度标准需要作一定的折减修正。在一般工程地质条件下送桩，收锤贯入度（每阵）可按比不送桩时的收锤贯入度标准小 5 mm 来控制。

7.6 静压法沉桩

7.6.1 静压桩在静压力的作用下沉入地基土中，桩侧表面与桩周土体的摩擦力是滑动摩擦力，滑动摩擦力一般较小，且在同一土层中基本不变，不随入土深度的增加而累计增大，压桩阻力随桩端处土体的软硬程度即桩端处土体的抗冲剪阻力的大小而波动。压桩停止后，随着超孔隙水压力的消散，滑动摩擦力逐渐转化为静摩擦力，静压桩才获得使用所需的承载力。根据沿海地区使用静压工艺较多地区经验统计，不管桩尖持力层是黏性土、粉土、砂土层、卵石层，还是风化岩层，桩端所能提供的端承力为终压力的 40%～50%（四川地区静压施工刚起步，工程经验不多，据已施工的工程经验统计，桩尖持力层是风化岩层，桩端所能提供的端承力为终压力的 60%～80%），其余部分要靠桩土体抗冲剪强度的恢复来补充，如果桩身长且桩周土体摩擦力的恢复值较大，则静压桩的极限承载力大于施工终压力，如果桩身短，桩侧提供的侧摩擦力小，则桩的极限承载力小于桩的终压力。综合土体特性、桩长等因素，在确定单桩承载力特征值时，应符合下列要求：

1）单桩竖向承载力特征值宜通过单桩竖向静载荷试验确定。在同一条件下的试桩数量，不宜少于总桩数的 1%，且不应少于 3 根。试验方法应符合国家标准《建筑地基基础设计规范》GB 50007 附录 Q《单桩竖向静载荷试验的要点》。单桩竖向承载力特征值应符合下列规定：

$$R_a = Q_u / K \qquad （7.6.1-1）$$

式中 Q_u——单桩竖向极限承载力；

　　　K——桩基安全系数，按静压桩基础设计等级分别取值，其中，甲级 $K=2.2$；乙级 $K=2.0$；丙级 $K=1.8$。

2）初步设计时，静压桩单桩竖向承载力特征值可按下式估算：

$$R_a = \gamma_q (u_p \sum q_{sia} \cdot L_i + q_{pa} \cdot A_p) \qquad （7.6.1-2）$$

式中：R_a——静压桩单桩竖向承载力特征值；

　　　γ_q——静压桩承载力修正系数，根据试验结果统计确定，如无类似工程经验时可按表 7.6.1-1 取值；

　　　q_{sia}——桩第 i 层土（岩）的侧阻力特征值，如无类似工程经验时可按表 7.6.1-2 取值；

　　　q_{pa}——桩的端阻力特征值，如无类似工程经验时可按表 7.6.1-3 取值；

　　　u_p——桩身外周长；

　　　L_i——桩穿越第 i 层土（岩）的厚度；

　　　A_p——桩端水平投影面积。

在按式（7.6.1-2）估算出静压桩单桩竖向承载力特征值的同时，应按下式估算出静压桩施工终压力值：

$$P_{ze} \geqslant \gamma_q k R_a \qquad （7.6.1-2）$$

式中 P_{ze}——静压桩施工终压力值；

γ_q——静压桩承载力修正系数，如无类似工程经验时可按表 7.6.1-1 取值；

R_a——静压桩单桩竖向承载力特征值；

k——桩基安全系数。

施工终压力 P_{ze} 同时宜满足本规程第 7.6.5 条第 4 款的要求。

表 7.6.1-1 静压桩承载力修正系数 γ_q

持力层土（岩）类	桩入土深度（m）	q_{sia} 及 q_{pa} 取值	承载力修正系数 γ_q	终压力系数 γ_q
黏性土	$6 \leqslant L \leqslant 9$	高值	1.05 ~ 1.20	1.10 ~ 1.20
	$9 \leqslant L \leqslant 16$	高值	1.00 ~ 1.05	1.10 ~ 1.20
	$16 \leqslant L \leqslant 25$	内插	0.90 ~ 1.00	1.00 ~ 1.10
	$L \geqslant 25$	低值	0.80 ~ 0.95	0.85 ~ 1.00
粉土、粉砂、细砂	$6 \leqslant L \leqslant 9$	高值	1.10 ~ 1.40	1.30 ~ 1.50
	$9 \leqslant L \leqslant 16$	高值	1.05 ~ 1.15	1.15 ~ 1.30
	$16 \leqslant L \leqslant 25$	内插	0.95 ~ 1.10	1.10 ~ 1.25
	$L \geqslant 25$	低值	0.80 ~ 1.00	0.90 ~ 1.00
中砂、粗砂、砾砂	$6 \leqslant L \leqslant 9$	高值	0.95 ~ 1.10	1.20 ~ 1.40
	$9 \leqslant L \leqslant 13$	高值	0.95 ~ 1.00	1.20 ~ 1.35
	$13 \leqslant L \leqslant 20$	内插	0.90 ~ 1.00	1.10 ~ 1.30
	$L \geqslant 20$	低值	0.95 ~ 1.00	0.95 ~ 1.00
花岗石残积土（含全风化岩）	$L \geqslant 20$	低值	0.70 ~ 0.85	1.00 ~ 1.10
强风化岩	$L \geqslant 10$	低值	0.70 ~ 0.85	1.10 ~ 1.35

注：1 当桩长短于 9 m 或终压力超过本表规定值时，可通过试压桩适当提高 γ_q；

2 当终压力不能满足式 7.6.1-3 要求时，γ_q 应相应降低；

3 当土层划分明确时，细长桩可不按终压力要求而改用桩长控制终压；

4 本表仅适用桩径不大于 500 mm 的管桩和边长不大于 400 mm 的方桩，以及淤泥层厚度不超过入土深度三分之一的静压桩。

3）当计算单桩竖向承载力特征值及施工所需的终压力值无类似工程经验时，可参考本规程附录 L 所列的"静压桩极限承载力与终压力经验关系"来粗估单桩竖向承载力特征值或所需的终压力值，作为初步设计或试桩要求的一种辅助方法。

4）在试压桩或施工阶段，宜利用静压桩机独有的复压工艺来检测或校核长细比较大的摩擦桩的单桩竖向承载力。

表 7.6.1-2　静压桩的侧阻力特征值 q_{sia}（kPa）

土（岩）的类别	土的状态	桩的阻力特征值 q_{sia}
填　土		10 ~ 14
淤　泥		6 ~ 9
淤泥质土		10 ~ 14
黏性土	$I_L > 1.0$	10 ~ 18
	$0.7 < I_L \leqslant 1.0$	18 ~ 25
	$0.50 < I_L \leqslant 0.75$	25 ~ 33
	$0.25 < I_L \leqslant 0.5$	33 ~ 41
	$0 < I_L \leqslant 0.25$	41 ~ 45
	$I_L \leqslant 0$	45 ~ 50
红黏土	$0.7 < \alpha_w \leqslant 1.0$	6 ~ 16
	$0.5 < \alpha_w \leqslant 0.7$	16 ~ 37
粉　土	$e > 0.9$	11 ~ 22
	$0.75 \leqslant e \leqslant 0.9$	22 ~ 32
	$e \leqslant 075$	32 ~ 43
粉、细砂	稍密	11 ~ 21
	中密	21 ~ 32
	密实	32 ~ 43
中　砂	中密	27 ~ 37
	密实	37 ~ 47

土（岩）的类别		土的状态	桩的阻力特征值 q_{sia}
粗　砂		中密	37 ~ 47
		密实	47 ~ 57
砾　砂		中密、密实	58 ~ 69
花岗岩残积土（含全风化岩）	黏性土	$L_L > 0.75$	15 ~ 25
		$0.25 < L_L \leqslant 0.75$	25 ~ 35
		$L_L \leqslant 0.25$	15 ~ 40
	砂质黏性土	$L_L > 0.75$	25 ~ 30
		$0.25 < L_L \leqslant 0.75$	30 ~ 40
		$L_L \leqslant 0.25$	40 ~ 45
	硬质黏性土	$L_L > 0.75$	35 ~ 40
		$0.25 < L_L \leqslant 0.75$	40 ~ 45
		$L_L \leqslant 0.25$	45 ~ 50
强风化岩			100 ~ 125

注：1　对于尚未完成自重固结的填土和以生活垃圾为主的填土，不计算其侧阻力；

2　α_w 为含水比，$\alpha_w = W/W_L$；

3　根据土（岩）层埋深 h，将 q_{sia} 乘以下表修正系数。

土（岩）层埋深 h（m）	≤5	10	20	≥30
修正系数值	0.8	1.0	1.1	1.2

表 7.6.1-3 静压桩的端阻力特征值 q_{pa}（kPa）

土（岩）的名称	桩入土深度（m）／土的状态	桩的端阻力特征值 q_{pa}			
		$h \leqslant 9$	$9 < h \leqslant 16$	$16 < h \leqslant 30$	$h > 30$
黏性土	$0.25 < L_L \leqslant 0.5$	750～1150	1150～1500	1350～1800	1800～2200
	$L_L \leqslant 0.25$	1250～1900	1900～2550	2550～2950	2950～3400
粉土	$0.25 < e \leqslant 0.9$	420～850	650～1050	950～1150	1250～1700
	$e \leqslant 0.75$	750～1150	1050～1500	1350～1800	1800～2200
粉砂	中密、密实	700～1100	1050～1500	1500～1900	1900～2300
细砂	中密、密实	1250～1900	1800～2400	2200～2850	2650～3250
中砂	中密、密实	1800～2550	2550～3150	3150～3600	3500～4000
粗砂	中密、密实	2850～3700	3700～4200	4200～4750	4750～5150
砾砂	中密、密实	3150～5250			
角砾、圆砾	中密、密实	3700～5800			
碎石、卵石	中密、密实	4200～6350			
花岗石残积土（含全风化岩） — 黏性土	$0.25 < L_L \leqslant 0.75$	900～1200	1300～1550	1550～1900	1950～2250
	$L_L \leqslant 0.25$	1300～1650	1700～2200	2250～2700	2800～3200
花岗石残积土（含全风化岩） — 砂质黏性土	$0.25 < L_L \leqslant 0.75$	950～1350	1400～1700	1750～2150	2200～2350
	$L_L \leqslant 0.25$	1450～1900	1950～2350	2400～2900	2950～3350
花岗石残积土（含全风化岩） — 砾质黏性土	$0.25 < L_L \leqslant 0.75$	1000～1400	1500～1800	1950～2350	2400～2850
	$L_L \leqslant 0.25$	1600～1950	2050～2400	2450～2900	3000～3500
强风化岩		4000～5000			

7.6.2 静力压桩设备按动力装置可分为液压式和绳索式两种。液压式压桩机按其加力部位的不同可分为顶压式液压压桩机和抱压式液压压桩机。施工宜优先选用抱压式液压压桩机，各种详细的技术参数可参阅压桩机生产厂的产品说明书。

7.6.3~7.6.4 桩机质量必须满足最大压桩力的安全生产要求。沿海地区早期施工曾出现压桩力大于机架质量的情况，导致桩机上浮，致使桩机不平衡折断管桩，桩机瞬间塌落，引起一系列相关破坏的安全事故。

四川地区使用静压施工的时间很短，工程经验较少，且基桩施工长度与沿海地区相比较短，施压力应以不低于设计极限承载力为宜。压桩施压力可依据终压力确定。施工人员往往容易忽略对桩身允许抱压桩力的要求，造成破桩，故施工过程中亦应做好抱压桩力的记录。

现国内生产静压桩机设备的厂家较多，主要以抱压式液压压桩机为主，国内以湖南山河智能股份公司生产静力压桩机技术较为成熟、稳定，吨位在 1500~10 000 kN 之间均有，压桩机正常施工应具备下列资料：

1）压桩机的产品合格证；

2）压桩机的型号、桩机质量（不含配重）、最大压桩力等；

3）压桩机的外型尺寸及拖运尺寸；

4）压桩机的最小边桩距及最大压桩力；

5）长、短船型履靴的接地压强；

6）夹持机构的形式；

7）液压油缸的数量、直径，率定后的压力表读数与压桩力的对应关系；

**8）吊桩机的性能及吊桩能力。

7.6.5** 本条说明是对试压桩的有关规定。通过试压桩了解管桩的可行性，预测单桩竖向承载力，验证施工合理性，为确定终压力提供依据。

7.6.6~7.6.7 这是静压施工的通常做法，其施工步骤、控制措施、施工顺序、桩的接长等可参照本规程 7.4.4 相关规定执行。静压施工时其中第 5 款尤应注意，施工中因接桩或其他因素影响而暂停压桩的时间的长短对继续下沉的桩尖阻力无明显影响，但对桩侧摩阻力的增加影响较大，桩侧摩阻力的增大值与间距时间长短成正比，并与地基土层特性有关，因此在沉桩过程中，应合理设计接桩的结构和位置，避免将桩尖停留在硬土层中或接近设计持力层时进行接桩。对具有经验的施工单位，在设备满足相关条件的情况下，可采用超载施工法，其目的可一次性达到成桩。一般不宜采用满载多次复压法，多次复压桩易造成桩的破损。

从大量的工程实践经验看，黏性土中长度较长的静压桩其最终的极限承载力比压桩施工时的终压力要大；在黏性土中的短桩，土体强度经一段时间的恢复，摩阻力虽有提高，但因桩身短，侧摩阻力占桩的极限承载力的比例差异不大，最终极限承载力达不到桩的终压力。因此桩的终压力与极限承载力是两个不同的概念。一些初接触静压桩的施工人员往往将两者混为一谈。两者数值上不一定相等，主要与桩长、桩周土及桩端土的性质有关，但两者也有一定的联系。本规程附录 L 的经验公式是广东地区大量工程实践总结，现使用较普遍。依据上述经验公式，结合四川地区工程经验，确定本地区静压终压标准相关规定。在终压标准中对短桩复压应审慎对待，同一台桩机用同样的压桩力在同一工地上施压不同长度的桩，得到的单桩承载力是不同的，长桩的承载力一般来说容易达到设计要求，而短桩的承载力往往还达不到长桩同样的设计要求，桩愈短，相差愈大。对短桩进行多次复压来提高单桩承载力是行不通的。复压次数一多，压桩机及桩身混凝土就容易受损，对提高桩的承载力收效甚微，有时要适当降低单桩承载力。

7.7 植入法沉桩

7.7.1 植桩法施工是近年来迅速发展起来的施工工法，虽然造价比常规施工方法略高，但施工优点明显。在一些建筑密集区域，锤击、静压施工受限；在地质状况复杂地区，岩层面强弱交错，管桩不易达到理想持力层；大直径管桩施工由于端面大、阻力大，沉桩较困难，强行穿越易造成桩身损伤。植桩施工能较好解决上述困难。四川地区很大区域地基持力层是泥岩、砂岩，属易软化岩，对外来干扰敏感度高，锤击沉桩极易使桩底岩层软化。植桩法沉桩由于其对桩底持力层干扰少，孔内回填浆料强度一般较高，能较好封闭桩底，大幅度减少持力层扰动及软化。同时泥岩岩层经常出现全风化、强风化、中风化交互层情况，植桩法沉桩可采取预成孔至所定持力层再植桩，能较好保障成桩质量。

通过试桩了解工程可行性，确定成孔设备、孔径、孔深、植桩工艺，预测单桩竖向承载力，验证施工合理性等。

植桩法施工在四川地区刚起步，施工要求除要满足本规程规定，亦要满足国家相关规定。植桩预成孔一般采用钻孔成孔。孔内注浆可选在植桩前或植桩后，常见做法是在植桩前注浆。植桩后，为使桩底与持力层紧密连接，宜用静压机将管桩压至要求标高，静压机终压力可参照本规程静压法沉桩规定执行。

7.8 中掘法沉桩

7.8.1 中掘法施工也是近年发展起来的施工工法，在大直径管桩施工中采用较多。

7.8.3 第 6 款采取的措施是为了防止发生喷砂或从钻头前端喷水，第 7 款是为了防止地基中产生负压，造成地基坍塌。

7.8.5 桩端通过注浆形成扩大头，相当于增大了端部的直径和桩长，提高了管桩垂直承载力。同时在注浆压力作用下，浆液会在桩端以上一定高度范围内沿着桩土间上渗，通过渗透、劈裂、充填、挤密和胶结作用，填充桩身与桩周边土体的空隙，并渗入桩周土体一定宽度范围，在桩周形成脉状结石体，如同树根植入土中，从而改善地基土承载力，提高桩侧摩阻力。扩底浆液配合比可参照表 7.8.3。

表 7.8.3　扩底浆液配合比

桩径（mm）	计算量（m³）	混合量（m³）	水泥（kg）	水（kg）	比例
600	1.103	1.110	1200	720	
800	2.040	2.060	2240	1350	$W/C=60\%$
1000	3.540	3.560	3880	2328	
1200	6.680	6.697	7300	4380	

7.9 支护桩与土方开挖

7.9.1 由于通常情况下，管桩沉桩具有一定的扰动效应，对邻近地基具有一定的侧向挤压或促沉，因此，当地基对此种扰动变形敏感时，应根据具体情况采取隔振、引孔、调整沉桩顺序或预加固等防护措施。

采用静压、植入等施工方式可减少对边坡土体产生扰动的不利影响，锤击沉桩法产生的振动可能降低边坡的稳定性；

接桩宜采用套箍螺栓连接或焊接后再套箍螺栓连接方法，增强接桩部位的抗剪和抗弯性能。

7.9.4

1 施工时间间隔影响搅拌桩之间的咬合效果，降低止水性能；

2 目的是增强前后施工旋喷桩之间的搭接性能；

3 降低管桩插入难度，确保插入深度。

7.9.12 管桩支护结构监测应按设计要求和相关规范进行，且应符合下列规定：

1 强调监测的全过程控制；

2、3 由于通常管桩的抗弯性能较低，具有脆性破坏特征，因此应对管桩挠曲变形进行监测；

4 确保管桩与冠梁的连接效果。

8 检测与验收

8.1 一般规定

8.1.1 强调管桩基础工程在施工前、施工中、施工后三个阶段的过程控制。工程中使用预应力管桩，除应按产品标准进行生产质量控制和出厂检验外，还应进行施工前、施工过程和施工后的质量检查检测，本规程第 8.2 节至第 8.4 节分别作出了规定。

8.1.2 现行国家标准《建筑地基基础工程施工质量验收规范》GB 50202—2002 和行业标准《建筑基桩检测技术规范》JGJ 106—2014 以强制性条文规定必须对基桩承载力和桩身完整性进行检验。同时，管桩作为工厂出品的产品，尚应符合《先张法预应力混凝土管桩》GB 13476—2009 的要求，在施工过程中，亦存在桩位、桩尖及管桩连接质量问题等检验。

8.1.3 本条按《建筑基桩检测技术规范》JGJ 106—2014 的要求提出了管桩的单桩承载力检验休止时间要求，另外四川地区管桩基础工程的特点是：桩短，桩端持力层以卵石土或沉积的泥岩、砂岩（含泥岩与砂岩的互层岩）为主。当以卵石土为桩端持力层时，由于管桩的单桩承载力主要由桩端的卵石土承担，而卵石土的强度随时间的变化相对较小，根据以往的工程经验，试验休止时间不应少于 7 d，已足以满足对单桩竖向承载力评价的要求。当以岩石为桩端持力层时，由于管桩在施工过程中，对岩层产生强烈冲击作用，一方面对岩层的节理面产生挤压，使岩层的桩端土承载力提高，表现为桩的贯入度急剧减小，桩处于难打状态；另一方面，打桩的冲击力使沉积岩又产生更多新的节理，如岩石的软化系数过低时，则岩石的后期强度将大幅度降低。因此，岩石作为管桩基础的持力层时，规定适当的休止时间是十分必要的。

8.1.5 基础工程的重要性及特殊性决定了抽样应该考虑的几方面因素。

8.1.6 鉴于管桩的特点，本规程首次提出了打桩后，管桩存在中度损伤及严重损伤时的处理方案。

8.2　施工前检验

8.2.1 ~ 8.2.2 预应力管桩作为一种工厂化生产的工业产品，虽然在出厂时已按相关产品标准要求，进行了严格的出厂检验，但由于吊装、运输等因素的影响，进入施工现场时，做一些最基本的常规检验，以控制管桩质量是十分必要的。对于产品质量不稳定的厂家，应增加现场抗裂性能检验。

8.2.5 管桩混凝土强度是影响工程质量安全的主要因素，也是管桩生产单位和地基基础施工单位对管桩质量纠纷的主要矛盾。因此，本规程对管桩桩身混凝土强度抽检进行了更明确、更严格的规定：一是要求对所使用的每一家管桩都应进行抽检；二是明确可选择两种检测方法，即钻芯法或管桩全截面抗压试验方法；三是目前钻芯法在实际检测中影响因素、包括人为因素很多，如取样、样品处理等都会影响评价结果，如安徽达到 0.8 倍、湖北达到 0.85 倍设计强度等级即评价为合格，当对钻芯法的检测评价结果有争议时，可采用管桩全截面抗压试验进行评价。

8.2.7 端板质量存在三个方面问题：一是端板材质未采用 Q235 钢材，而采用铸钢或"地条钢"，可焊性差不符合要求；二是端板厚度偏薄，导致钢棒与端板的连接较差；三是电焊坡口尺寸不规范，导致焊缝高度不符合要求。因此应重点检查端板的材质、厚度和电焊坡口尺寸。端板材质的抽检滞后于管桩的施工，一旦检查出管桩端板不合格，则已施工的管桩应采取处理措施。

8.3 施工过程检验

8.3.1 管桩施工过程中应控制的一些主要参数。

8.3.3 第一节底桩垂直度控制的好坏对整根桩的垂直度影响至关重要，因此对底桩垂直度控制要严格一些，不得大于 0.5%。送桩以后桩身垂直度偏差不易测量，故在送桩前进行测量。一般情况下，送桩前后的桩身垂直度不会有大的变化，但在深基坑内的基桩，有时由于基坑土方开挖不当会引起桩身倾斜，故在深基坑土方开挖后，需再次测量桩身垂直度。

8.3.4 采用低压灯泡吊入成桩内腔或用孔内摄像仪作桩身完整性检查，具有实际工程意义。

8.3.5 该条给出了管桩焊接接头的施工质量检验要求。

8.3.7 工程桩终止施工条件是否符合要求，直接影响工程结构安全，虽然本规程第 3.0.4 条明确要求管桩基础施工前应在现场进行沉桩工艺试验，但对于复杂地质条件，可能难以使用一个工程桩终止施工条件的标准，也可能满足工程桩终止施工条件，由于桩端持力层下面存在软弱夹层而导致桩载能力不满足设计要求，因此，对具体情况应多加强研究分析。本规程管桩涵盖类型多，包括预应力高强混凝土管桩（PHC 桩）、预应力混凝土管桩（PC 桩）、混合配筋管桩（PRC 桩）、高配筋率支护桩（GZH 桩）、钢管混凝土管桩（SC 桩）、预应力混凝土薄壁管桩（PTC 桩）等，施工方法多，包括静压法、锤击法、引孔辅助沉桩法、植入法、中掘法等，因此，应根据具体设计要求制定工程桩终止施工条件。

8.3.9 由于施工方法和工序不合理，或在该地质条件下选择管桩的不科学性，不少工程中出现工程桩上浮甚至发生桩位偏移，在不调整设计方案和施工方案的情况下，只能通过加强监测来控制工程质量，本规程对监测数量进行了明确规定，监测点应设置在已施工的工程桩桩上部裸露的部位，且应在施工后及时进行第一次监测。

8.4 施工后检验

8.4.1 合格的管桩产品，按规范进行施工，均不应产生桩顶破损。但根据成都地区大量的管桩基础工程的调查结果表明，管桩桩顶破损时有发生，为便于施工质量的控制及认定，提出本条规定。

8.4.2　管桩施工完成后，作为地基基础分部工程，《建筑地基基础工程施工质量验收规范》GB 50202—2002 对验收的具体项目有明确规定，作为基桩分项工程，成桩质量验收的内容主要有五项，即桩身垂直度、桩顶标高、桩位偏差、桩身结构完整性和单桩承载力。桩顶标高和桩位偏差会影响与承台的连接状态；单桩承载力，视设计要求而定，可能只包括单桩竖向抗压承载力，也可能包括单桩竖向抗压承载力、单桩竖向抗拔承载力和单桩水平承载力。

8.4.3～8.4.4　管桩桩身垂直度、桩顶标高、桩位偏差的抽检数量应按《建筑地基基础工程施工质量验收规范》GB 50202—2002 的规定，用于支护工程的管桩，也与用于桩基础的管桩一样，抽检数量应按《建筑地基基础工程施工质量验收规范》GB 50202—2002 的规定。

8.4.5　本条按《建筑地基基础工程施工质量验收规范》GB 50202—2002 的要求提出了管桩的桩位偏差要求。

8.4.6　本条按《建筑基桩检测技术规范》JGJ 106—2014 的要求提出了管桩的桩身完整性检验要求。

8.4.8　本条规定了单桩竖向承载力检验的两种方法，为验收所采用的静载荷试验应按慢速维持荷载法进行，当采用高应变检验时，规定了高应变所应达到的技术要求。由于管桩强度高，单桩竖向承载力取值大，基岩软化难于确定等特点，因此，特别增加了高应变的抽检数量。

8.4.9～8.4.10 在本规程中，管桩有三种使用方式，即桩基础中的管桩、复合地基中的管桩和支护结构中的管桩，不论哪种情况，均应对工程桩桩身结构完整性和单桩承载力（包括单桩竖向抗压承载力、单桩竖向抗拔承载力和单桩水平承载力，视设计要求而定）进行抽检，检测方法和检测数量均应符合行业标准《建筑基桩检测技术规范》JGJ 106—2014 的有关规定。此外，本规程规定，对水泥土桩中植入管桩的管桩基础，应采用静载试验对水泥土复合管桩的单桩承载力进行试验；对于管桩复合地基，还应进行复合地基平板载荷试验；对设计要求消除地基液化的，应进行桩间土的液化检验。

8.5 验　收

8.5.2 管桩基础工程的检查和验收均应符合《建筑地基基础工程施工质量验收规范》GB 50202—2002 的要求。

附录 M　静压桩竖向极限承载力与终压力的关系

M. 0. 2　静压桩的竖向极限承载力与终压力经验关系标明，静压桩的竖向承载力特征值并不是简单地用终压力除以安全系数 K 就可求得，特别是入土深度 6~8 m 的桩，极限承载力只有终压力值的 60%左右，也就是说单桩竖向承载力特征值只有终压力值的三分之一左右，但终压力受到桩身混凝土强度等因素的限制，不能大幅提高，所以，当出现入土深度只有 6~8 m 的桩时，单桩竖向承载力特征值要适当降低，不应任意增加复压次数，否则，适得其反，不仅承载力达不到，而且桩身及压桩机均可能遭到破损。

相关系数 β 的取值，各地可根据工程实际自行积累经验，特别是当桩的入土深度小于 15 m 时，相关系数的变幅较大，当缺乏类似工程经验时，可采用试压实测确定。

附录 P　管桩全截面桩身混凝土抗压强度试验要点

（一）离心高强混凝土的特性

PHC 管桩采用离心工艺成型，在离心过程中，从管桩内壁上析出较多水分，大大降低了水灰比；其次在离心力的作用下，骨料和胶凝材料变得更加密实。因此离心工艺比起自然振捣方法能更有效提高混凝土抗压强度。然而，由于不同半径处的离心力不同，离心工艺成型的混凝土具有宏观分层现象，从而导致管桩桩身混凝土在轴向和径向的不均匀性。图 P.1 为某 PHC 管桩的横截面，左边为管桩外表面，右边为管桩内表面，可见内表面有一层无粗骨料的浮浆，再往外有一层粒径较小的石子构成的混凝土层，再往外才是正常粒径的混凝土层。本书将此构造梯度简化为图 P.2 所示的三层组合模型。

图 P.1　管桩桩身横截面图

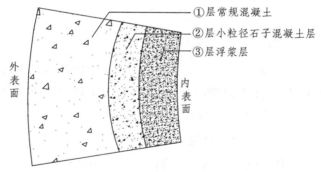

图 P.2　管桩桩身横截面三层组合模型

（二）目前钻芯法检测的局限性

目前管桩桩身混凝土检测一般采用钻芯法检测，主要依据《钻芯检测离心高强混凝土抗压强度试验方法》（GB/T 19496—2004，以下简称《钻芯标准》）进行。安徽省建筑科学研究院对将近 3a 的共 237 组钻芯法检测 PHC 管桩（$f_{cu,k}$=80 MPa）桩

身混凝土抗压强度的数据进行统计分析，芯样试件抗压强度值
与频率分布图如图 P.3 所示。

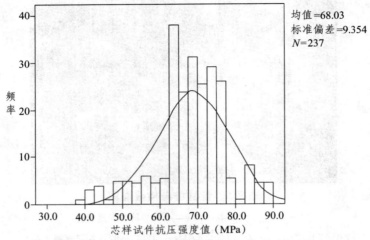

图 P.3　芯样试件抗压强度值与频率分布图

由图 P.3 可见，芯样试件抗压强度均值为 68.03 MPa，标准差为 9.354，数据离散型较大。从以上检测结果中总结分析，该方法主要存在以下局限性。

（1）芯样一般沿管桩径向钻取，与管桩实际受力方向不符。管桩一般以轴向受力为主，而钻芯法检测一般以垂直于管桩侧壁方向钻取，钻芯取出的试件受力方向与管桩正常使用时的受压方向成 90°，由于离心成型的分层现象，管桩桩身混凝土并非各向同性材料，因此试件的抗压强度并不能完全反映出管桩正常工作时的抗压强度。

（2）"钻芯标准"对钻芯、磨平、锯切等设备和工艺以及芯样的平面度、垂直度和平行度等作了极为严格的要求，一般

实验室很难做到，因此该标准的适用性受到很大限制。

（3）因管桩壁厚有限，为加工成高径比为 1:1 的试件，目前一般钻取 75 mm 直径的芯样，管桩非加密区的螺旋筋间距为 80 mm，因此钻取芯样时很难避开螺旋筋，钻至螺旋筋时钻进速率引起变化甚至引起钻头晃动，容易降低芯样的平行度，并且芯样中含有的螺旋筋对抗压强度值有影响。

（4）造成芯样试件抗压强度值远低于 80 MPa 并且数据离散性较大的原因，是由于管桩桩身离心成型的特性造成，根据图 P.2 的管桩桩身截面的三层组合特性，从管桩外壁到内壁，其混凝土抗压强度也应为强度由大到小的强度梯度模型。因此在截取芯样试件时，在考虑到管桩外壁和内壁曲率的同时，还要满足高径比 1:1 的要求，对于绝大多数壁厚较小的管桩来说，只能将③层浮浆层切入抗压芯样试件中，而芯样试件由①层常规混凝土、②层小粒径石子混凝土层和③层浮浆层串联而成时的整体竖向抗压强度值，应由其最薄弱层③层浮浆层的抗压强度值来决定。而对于壁厚较大的管桩来说，芯样截取时，就有条件将③层浮浆层甚至是②层小粒径石子混凝土层切除，从而能够达到较高的试件抗压强度值。这就是芯样试件抗压强度值较低且数据离散型较大的原因。

（5）《钻芯标准》试验结果评定方法容易引起争议。按照《钻芯标准》要求，对于 C80 离心混凝土管桩，3 个试件的芯样试件抗压强度平均值不小于 80 MPa 且最小值不小于 68 MPa，或者 12 个试件的芯样试件抗压强度平均值不小于 68MPa 且最小值不小于 60 MPa 时，可判定该管桩混凝土强度合格。该判定标准与我们对于 C80 混凝土的概念有较大偏差，并且缺少强有力的条文说明，只说明是直接引用的香港有关标准，说服力不强，容易引起检测各方的疑义。

（6）检测周期可能会较长。按照《钻芯标准》，如果 3 个试件不能完全判定混凝土合格与否，则必须再追加钻取 9 个芯样，将 12 个芯样试验结果一起评定。这样如果检测分成两步，则检测就会花费较长时间。

（7）《钻芯法检测混凝土强度技术规程》CECS 03:2007 规定的标准钻芯试件高度和直径尺寸宜均为 100 mm，如采用 75 mm 直径的芯样进行抗压强度试验，其试验结果往往高于标准试件抗压强度，存在一定误差。

（三）管桩全截面抗压强度试验及评价

鉴于以上钻芯法的几点局限性和检测机构压力试验设备能力的提升，借鉴日本主要采用圆柱体标准试件作为混凝土抗压强度试验的经验，提出了管桩桩身混凝土全截面抗压强度试验方法。在管桩上直接截取全截面管桩环形试件，截取试件时应避开管桩螺旋筋加密区。试件的高径比应为 1.0～2.0（高径比为 2.0 的试验结果可按《混凝土结构设计规范》GB 50010—2010 修正，试件高度的尺寸偏差不宜大于 5%。试验前，应对试件的垂直度和平整度进行测量，并符合：（1）试件端面的平整度在 100 mm 长度内不超过 0.1 mm；（2）试件端面与轴线的垂直度不超过 2°。

抗压试验宜在压力试验机上进行，管桩全截面试件的抗压强度应按下列公式计算：

$$f_{cu} = \xi P / A \qquad\qquad (\text{P.1})$$

式中：f_{cu}——试件抗压强度值（MPa），精确至 0.1MPa；

　　P　——试件抗压试验测得的破坏荷载（N）；

　　A　——管桩桩身横截面计算面积，预应力钢棒应按模量等效换算为混凝土面积（mm^2）；

　　ξ——试件抗压强度换算系数，当试件高径比为 1.0 时，宜取 1.0。

管桩全截面试件的抗压强度值不小于管桩混凝土强度设计等级的 95%时，可认为抽检的管桩混凝土强度满足设计要求。

（四）管桩全截面抗压强度试验和钻芯法试验结果对比

该试验方法的优点主要有：（1）试验受力状态与管桩正常工作时一致；（2）试件加工只需控制端面平整度；（3）试件加工和抗压试验时不会受到浮浆层的影响；（4）试验结果评定标准容易接受；（5）检测过程一次性完成，检测周期较短。

试验样品采用的管桩加工成试样高度与直径之比为 1∶1 的全截面桩身抗压强度试样，本次试验共加工 9 个 PHC400-AB-95 试样，试样高度均为 1∶1。本次试验的 1#~8# 试样的两端截面在磨床上磨平从而尽量消除桩身偏心受压，9# 试样为直接用截桩器截取而两端截面未磨平的试样，试验结果与同根管桩上钻取的 75 mm 直径芯样的芯样抗压强度值进行比较，管桩桩身全截面抗压强度试验图如图 P.4 所示，试验结果如表 P.1 所示。

图 P.4 管桩桩身全截面抗压强度试验图

表 P.1 管桩桩身全截面抗压强度试验与钻芯法试验结果对比表

编号	f_0（MPa）	f_1（MPa）	f_2（MPa）		备 注
1#	90.8	92.3	75.6	1.22	两端截面磨平
2#	89.2	87.2	70.3	1.24	两端截面磨平
3#	88.2	85.1	69.4	1.23	两端截面磨平
4#	86.2	83.2	72.4	1.15	两端截面磨平
5#	87.5	84.2	76.5	1.10	两端截面磨平
6#	88.1	86.5	80.3	1.08	两端截面磨平
7#	86.1	81.5	61.8	1.32	两端截面磨平
8#	87.2	85.9	64.4	1.33	两端截面磨平
9#	88.6	64.2	73.2	0.88	两端截面未磨平

表中，f_0 为留置的混凝土立方体试块抗压强度值，f_1 为全截面抗压强度试验的混凝土抗压强度值，f_2 为钻芯法 75 mm 直径芯样的混凝土抗压强度值。

从试验结果可见，在尽量保证管桩桩身全截面试验轴心受压情况下，其全截面抗压强度试验的混凝土抗压强度值约为钻芯法混凝土抗压强度值的 1.08 ~ 1.33 倍，数据离散型较小，与留置混凝土立方体试块抗压强度值相接近，而钻芯法抗压强度试验值较低且数据离散型较大。如果管桩桩身全截面抗压试样存在偏心受压情况，其全截面抗压强度试验的混凝土抗压强度值降低明显，约为钻芯法混凝土抗压强度值的 0.88 倍，从而全截面抗压强度试验在留置的混凝土立方体试块抗压强度试验与钻芯法检测混凝土抗压强度试验之间起到了桥梁和纽带的作用，对管桩桩身混凝土抗压强度试验方法作了非常重要的补充。